U0387992

农药生物活性测试标准操作规范

除草剂卷

刘 学　顾宝根　主编

化学工业出版社

·北京·

作为除草剂分卷之一，本书按靶标和应用技术两大部分，系统收集和整理了155项除草剂生物测定相关的SOP标准。其中，靶标部分包括了用于除草剂生物测定靶标的选择标准以及杂草种子的采集、保存、活力测定和休眠破除方法等的标准，除草剂生物测定所采用的常规靶标试材的生物学特性及培养方法标准，以及靶标试材包括禾本科杂草、阔叶杂草、莎草科杂草和藻类等71种杂草。应用技术部分则包含除草剂新化合物评价方法、室内生物活性测定方法、除草剂混剂活性评价方法、除草剂安全性评价方法和除草剂作用特性测定方法等标准。

本书可供从事农药特别是除草剂的生产质量控制、农药管理、农药登记、核查市场商品以及国际贸易的相关人员查阅和参考。

图书在版编目（CIP）数据

农药生物活性测试标准操作规范．除草剂卷/刘学，顾宝根主编．—北京：化学工业出版社，2016.6
ISBN 978-7-122-26957-7

Ⅰ.①农… Ⅱ.①刘…②顾… Ⅲ.①除草剂-生物活性-农药测定-技术操作规程 Ⅳ.①S481-65

中国版本图书馆CIP数据核字（2016）第094114号

责任编辑：刘　军　　文字编辑：孙凤英
责任校对：宋　玮　　装帧设计：关　飞

出版发行：化学工业出版社（北京市东城区青年湖南街13号　邮政编码100011）
印　　刷：北京永鑫印刷有限责任公司
装　　订：三河市宇新装订厂
787mm×1092mm　1/16　印张14¾　字数370千字　2016年8月北京第1版第1次印刷

购书咨询：010-64518888（传真：010-64519686）　售后服务：010-64518899
网　　址：http://www.cip.com.cn
凡购买本书，如有缺损质量问题，本社销售中心负责调换。

定　　价：60.00元

本书编写人员名单

主　　编： 刘　学　顾宝根

副 主 编： 杨　峻　林长福　张宗俭

编写人员（按姓名汉语拼音排序）

陈　杰　崔东亮　范志金　顾宝根　林长福
刘　学　单　彬　颜克成　杨　峻　叶贵标
张朝贤　张宏军　张　佳　张宗俭

前言

农药伴随着人类社会文明的进步而发展，从公元前1000多年古希腊用硫黄熏蒸杀虫，到19世纪末法国波尔多液的利用，从20世纪60年代的滴滴涕（DDT）、2,4-滴（2,4-D）等有机农药的问世，到后来诸多高效绿色农药以及仿生和生物农药的开发应用，农药一直在更新和进化，并在保护农林生产、确保粮食安全、改善人们环境卫生状况中，起着越来越重要的作用。随着食品安全要求的提高，环境保护意识的增强，对农药的要求越来越高，高效、安全、环保成为现代农药的发展方向，与此同时，农药检测技术也不断发展，以适应农药行业发展和农药管理的需要。

农药生物活性测定技术是最传统、最重要的农药检测技术之一，它贯穿于农药开发到生产应用的整个过程，是农药科研、教育、管理和应用的基本技术和方法。新农药的发现必须依赖生物活性测定所获得的各项资料和信息，对其是否有商品化价值做出评价，生测技术不仅是发现有效化合物的“眼睛”，也是新农药创制开发的“航标”。生测技术是农药登记管理进行药剂生物活性和使用效果验证的基本方法，通过规范的活性测定，验证药剂的有效性，确保农药的使用效果。此外，生测技术是农药药害鉴定、抗性监测、示范推广、使用技术形成及注意事项确定的必要手段，通过活性测定，完善农药使用技术，确保产品的安全性和使用的正确性。

随着农药科研技术水平的发展，农药管理标准和要求的提高，农药测试技术和方法不断向规范化、标准化方向发展，GAP和GLP等实验质量管理体系不断形成和推广应用。生测技术是传统检测技术，具有生物试材多样、方法众多、条件复杂、评判标准不统一、结果变异大等问题。因此，生测技术的标准化和规范化尤为重要。为此，结合国家“十五”科技项目“创制农药生物活性评价SOP规范的建立”的成果，根据农药生测技术的实践和经验，农业部农药检定所和沈阳化工研究院组织国内从事农药生测技术工作的相关专家，编写了本书。

本书根据农药良好实验室规范（GLP）要求，对农药室内活性试验的试材、设备、方法、条件和结果分析等进行了规范，努力达到试材的一致性、设备的统一性、方法的标准化、程序的规范化、结果的可靠性，实现试验可重复，结果可追溯，以适应农药研发和管理要求不断提高的需要。本书涵盖了靶标培养及试验操作的标准操作规范（SOP）155条，希望本书有利于统一和规范我国农药生物测定工作，为农药研发、鉴定、示范、应用服务。

由于农药生物活性测定技术内容广、方法多，加上编者水平有限，书中难免有疏漏和不足之处，敬请专家和同仁批评指正。

编者

2016年6月

目录

第一部分　靶标篇 /1

第一部分

靶标篇

（一）杂草种子采集与保存

SOP-SC-3001 除草剂靶标试材的选择标准

Pesticide Bioassay Testing SOP for Selection Criteria of Herbicide Material

除草剂生测靶标试材的选择范围很广，根据测定药剂以及研究目的不同，可以选择相应的靶标生物或其组织、细胞或细胞器（线粒体、质体等）。从藻类、苔藓等低等植物到杂草、栽培作物等，均可以作为除草剂生测靶标试材而使用。在除草剂生物测定研究中，靶标试材的选择应具备以下几个条件：

（1）在分类学上、经济上或地域上有一定代表性的杂草。

（2）对药剂敏感性符合要求，且对药剂的反应以及程度便于定性、定量测定，且与剂量有良好的相关性。

（3）易于移取、控制和进行试验操作。

（4）易于大规模工业化培养、繁育和保存，以便保证终年供给。不因地区或季节的限制而影响试验的开展。

（5）种群纯正，个体间差异小，生理标准均一。

（6）作为新化合物除草活性筛选靶标，最好选择生长迅速，代表性强，种子量大，无休眠习性，对光、温期不敏感，易于终年大量培养，对药剂反应敏感的试材进行试验。

（7）作为除草剂作用方式或特性研究，则应选择敏感性高、反应稳定的试材进行测定。

（8）应用范围以及禁用对象研究则应选择大面积栽培的作物以及当地的主要品种进行试验。

SOP-SC-3002 杂草种子的常规采集方法

Pesticide Bioassay Testing SOP for Weed Seed Harvesting

1 适用范围

本规范适用于了解不同种类杂草的成熟类型，适期采集杂草种子。

2 杂草种子成熟类型

有夏熟杂草和秋熟杂草两种类型。

2.1 夏熟杂草

亦为秋冬型杂草，常见有看麦娘、日本看麦娘、硬草、茵草、棒头草、早熟禾、猪殃殃、繁缕、牛繁缕、婆婆纳、大巢菜、荠菜、碎米荠、雀舌草、稻槎菜、春蓼等，危害夏熟作物。4月上旬开始抽穗开花，4月中、下旬部分种子开始成熟，至5月中下旬种子全部成熟。

2.2 秋熟杂草

亦为夏季发生型杂草。常见禾本科有：稗、稻稗、双穗雀稗、马唐、牛筋草、绿狗尾、金狗尾、大狗尾、千金子；阔叶草有：蓼、藜、苋（反枝苋、凹头苋、刺苋）、播娘蒿、车前子、鳢肠、龙葵、苘麻、苍耳、裂叶牵牛、香薷、大刺儿菜、鸭舌草、鸭跖草、矮慈菇、青葙、眼子菜等。莎草科杂草有：香附子、异型莎草、日照飘拂草、碎米莎草、水莎草、三棱草、扁杆藨草等。

3 杂草种子的采收

在荒地、路旁、荒山等无农药污染地采收。根据各种杂草种子的成熟期，随时采收成熟种子。

4 采收后的处理

杂草种子采收后，平铺于种子盘表面，晾晒、揉打、过筛、风扬、去秕，保证种子净化率90%以上，含水量10%～15%。分装种子袋，贴上标签，记载杂草名称、采收时间、采收地点、采收人。

5 破除休眠处理

采收后的杂草种子经过自然休眠萌发或埋土、埋砂、层积处理，高温、低温、变温处理等破除休眠处理后，在适合的温湿度条件下测定种子发芽率，发芽率达到80%以上，入库4℃条件下保存。

SOP-SC-3003 杂草种子的特殊采集方法

Pesticide Bioassay Testing SOP for Weed Propagule Production

1 适用范围

本规范适用于了解不同种类杂草的繁殖器官及成熟类型，适期采集杂草的块茎或块根。

2 繁殖方式

有性繁殖和营养繁殖两种类型。有性繁殖主要以成熟的种子或果实传播繁衍后代；营养繁殖指杂草以其营养器官根、茎、叶或其一部分传播、繁衍滋生的方式。

3 营养繁殖类杂草

该类杂草主要为多年生杂草，根据营养器官的特点可分为：根茎类、根芽类、直根类、球茎类和鳞茎类等。例如：问荆、狗牙根、芦苇、两栖蓼、白茅、小旋花、刺儿菜、苣荬菜、苦荬菜、车前、蒲公英、羊蹄、香附子、酢浆草、眼子菜及小根蒜等主要以营养繁殖为主，一般这类杂草耐药性比较强，防治比较困难。

4 营养器官的采收

在路旁、荒山、闲置地等无农药污染地挖收或采集。根据各种杂草繁殖器官的生长期，随时采集根茎、根芽、直根、球茎和鳞茎等植株可繁殖部分。挖收时应保护芽体或块茎、块根不受损伤以防腐烂。

5 采收后的处理

繁殖器官采收后，平铺于种子盘表面，剔除病烂体、虫伤或机械伤体后，在通风阴凉处风干一定时间。体积大及水分含量高的块茎或块根，在不影响其萌发的基础上，可以做高温愈合处理，使形成愈伤木栓组织以减少病菌侵入机会。然后分装入种子袋，贴上标签，记载杂草名称、采收时间、采收地点、采收人。然后根据不同杂草的休眠条件创造适宜的储存环境，主要可通过窖藏、地下深埋及室内低温贮藏等方式。

SOP-SC-3004 种子保存的方法和条件

Pesticide Bioassay Testing SOP for Seed Storage Methods and Conditions

1 适用范围

本规范适用于杂草种子的贮藏。

2 贮藏方法

2.1 常规贮藏

在实际应用中，对种子的贮藏常采用在室内常温条件下的贮藏方法，一般包括袋装和散装。

2.1.1 袋装种子堆放

堆放时，袋与袋、袋与仓壁等之间要保持适当的间隔。种子袋内外要有标签，种子垛要有标牌，分别注明品种、等级、数量、纯度、净度、发芽率、水分、采集地、收获（入库）年月等。

2.1.2 散装种子的堆放

在种子批号较少，每批种子数量较大的情况下，利用散装方法堆放，便于检查、出晒、清理、节省包装材料（物），能提高仓容量。根据杂草种子的特点，通常可采用适当的散装工具。

2.2 低温贮藏

低温贮藏是在不损害种子生活力的前提下，利用多种方法降低仓贮温度，达到安全贮藏的一种方法，包括自然低温贮藏、通风低温贮藏和制冷低温贮藏等。

2.2.1 自然低温贮藏

利用冬季干冷空气使种子温度降低到≤0℃或≤5℃，采用隔热保冷措施延缓保冷时间，从而较长期地使种子处于低温状态。在气温回升前，要注意封闭门窗。

2.2.2 通风低温贮藏

利用通风机等设备，将冷空气通入，以降低种子温度，延长种子的贮藏时间。冬季使用效果明显，其他季节根据不同情况，合理使用这一方法。

2.2.3 制冷低温贮藏

这是更高水平的贮藏条件，以控制贮藏温度不受季节、环境等因素的影响。可以建立低温种子库，进行制冷贮藏。对于试验常用的杂草种子，一般数量不是很大时，最常用的是利用制冷冰柜和冰箱贮藏（－5～0℃）。

2.3 其他贮藏

此外，对于一些种子可采用其他的贮藏方法，如地下贮藏、气体贮藏等。

2.3.1 地下贮藏

许多种子埋藏在地下，气体与温度等条件有利于长期保持其活力。选取一耕地或非耕地地块，要求地面较为平整，不宜积水，土壤湿度适宜。在地中挖出一个30cm长、15cm宽、35cm深的土坑，将一个25cm×10cm的网袋平铺于坑底，四边展平并固定，在开口的一边装入种子，从网底一面铺到开口处，不能将种子重叠。对于不同的种子，应放置于不同的坑，且每种设3个重复。标牌和各种记录写清楚。最后，将从原地取出的土按原来层位埋入坑中，并做标记。

2.3.2　气体贮藏

一些种子保存在普通大气中，寿命很短。但如果在低温和无氧条件下，则寿命可以延长很长时间。气体贮藏一般要求具有较好密闭性的容器，在低温（冰点温度下）条件下，在容器内放入氯化钙（按容量计，每升放氯化钙 9g），并排除空气而代以二氧化碳。二氧化碳浓度一般为 40％～50％。

3　注意事项

在贮藏中，应将不同品种、不同等级、不同水分的种子分开。籽粒易混难辨的种子分开，新陈种子分开。杂质过多、水分较高或有其他问题的种子应严格分开保存。

（二）种子活力测定方法

SOP-SC-3005 杂草种子活力常规测定方法

Pesticide Bioassay Testing SOP for
Determination of Weed Seed Germinability

1 适用范围

本规范适用于测试靶标种子发芽率和发芽势的测定。

2 标准发芽法

2.1 取样

随机取样经检验后的好种子4份。种子数量每份根据种子大小从50～100粒不等。

2.2 制作发芽床

大粒种子用洗涤后的细沙作发芽床；小粒种子用滤纸或吸水纸、纱布等作衬垫物。所用器具都需先消毒处理，然后将发芽床放入培养皿中。中粒种子两种发芽床均可。

2.3 加水

根据发芽床特性加入适量水分，用滤纸、吸水纸等吸去多余水分。

2.4 置床

将种子整齐排列在发芽床上，种子间保持适当距离。沙床测定时，可将种子轻轻压入沙中，使种子与沙面一致，然后加盖、标记，放入适宜温度的发芽箱内（湿度90%）。

2.5 检查和记载

在试验期间，注意通气，以及温度、水分等情况。发芽试验按计算发芽势和发芽率的规定日期各检查、记载一次。如发芽率的日期规定在7d以上，应增加检查记载次数。

2.6 记载标准和计算方法

2.6.1 种子发芽记载标准

① 正常发芽种子。种子幼根、幼芽生长明显，色泽正常。

② 不正常发芽种子。种子缺根、缺芽或根芽腐烂、畸形；幼根、幼芽萎缩，呈水肿状等。

2.6.2 种子发芽势和发芽率的计算方法

$$发芽势=\frac{发芽初期（规定日期内）正常发芽粒数}{共检种子粒数}\times 100\%$$

$$发芽率=\frac{发芽终期（规定日期内）全部正常发芽粒数}{供检种子粒数}\times 100\%$$

发芽势和发芽率以4次重复平均数表示。4次结果与平均数之间允许有一定差距（表1）。

表1 发芽率允许误差

平均发芽率/%	允许误差/%
＞95	±2
91～95	±3
81～90	±4

续表

平均发芽率/%	允许误差/%
71～80	±5
61～70	±6
51～60	±7

3 快速发芽法

快速发芽试验是指在短于标准发芽试验的时间内正确测定种子发芽力的方法。基本原理是，利用适当的高温和高湿条件或除去阻碍种子萌发的皮壳和部分果种皮，改善种子通透性，从而加速种子的吸水和内部生理生化反应的进行，促进种子萌发。

3.1 高温盖沙法

3.1.1 从净度测定后的好种子中随机取样两份，每份50～100粒，于30℃的温水中浸种。一般需要4h以上。不同种子所需温度和时间有差异。

3.1.2 加适量水于沙中并搅匀后放入发芽皿中，铺平（方法同标准发芽法），沙厚是发芽皿高度的2/3。

3.1.3 将水浸过的种子整齐地排在沙床上，并保持一定间距。轻压种子使之与沙面一致，上面盖一层湿纱布，再盖一层湿沙，与发芽皿上沿齐平，轻压。

3.1.4 做好标记，放于适当高温处发芽，一般需30℃，具体温度因种子不同而异。一般经48h（不同种子所需时间也不同）取出，拿出纱布和沙，检查计算发芽率。

3.2 去胚部种皮法

3.2.1 种子取样和浸种同高温盖沙法。后取出种子，去除胚部种皮。

3.2.2 将种子放入沙床上（同标准测定法），放入适当高温的发芽箱内，适当时间后，取出检查计算种子发芽率。

3.3 去颖法

3.3.1 种子取样后，用去颖机器等方法去除颖壳，在适当温水中浸种一定时间。后取出种子，放入发芽床上，在适当温度的发芽箱内发芽。

3.3.2 定时检查种子发霉情况。霉烂种子应及时去除。

3.3.3 发芽一定时间后，检查计算发芽率。

3.4 硫酸脱绒切割法

3.4.1 制备发芽床（同高温盖沙法）。

3.4.2 取样后的种子放入烧杯中，加入适量浓硫酸，立即用玻璃棒搅拌，待种子上的短绒去除后，迅速用流水洗涤多次至无酸性。

3.4.3 将脱绒后的种子放在垫板上，在内脐附近斜切一小口，约为种子的1/4。将种子切口向下平摆在沙床上，其上盖一层纱布，再盖一层湿沙。

3.4.4 做好标记，放入适当温度的发芽箱内发芽，一定时间后检查计算发芽率。

4 土壤发芽法

该方法是在标准发芽试验结果不好或数据不可靠时使用的。种子带有病菌或经药剂拌种后，以土壤发芽试验为宜。

4.1 在室外避风向阳处（夏季干阴凉处），选定一块疏松土地；若室外条件不适宜，可将疏松洁净的土壤过筛后装于钵子内，加水湿润。

4.2 种子取样后，播于土中，覆盖，但不能重压，要经常喷水，保持湿润。如用钵子播种的，可将钵子放在适宜的条件下（室外），避免淋雨。

4.3 幼苗出土后，每天检查记载出苗种子数，到种子发芽规定日期后，拔开土壤，检查发芽尚未出土的种子数，加上已出土的种子数，计算种子发芽率（表2）。

表2　种子发芽试验结果记载

种子来源与发芽方法	种子品种	重复	置床种子数	初期发芽种子数	终期发芽种子数	霉烂种子数	发芽势	发芽率

SOP-SC-3006 红墨水染色法种子活力的测定

Pesticide Bioassay Testing SOP for
Indicator Dye Determination of Seed Viability

1 适用范围

本规范适用于杂草种子活力的测定。

2 试验器具

恒温箱、培养皿、烧杯、滤纸、刀片、电子天平。

3 测定原理

活细胞的原生质膜具有选择性吸收物质的能力，而死的种胚细胞原生质膜丧失这种能力，于是染料便能进入死细胞而染色。

4 操作步骤

4.1 浸种

将待测种子在30～35℃温水中浸种适当时间，以增强种胚的呼吸强度，使显色迅速。

4.2 染色

取吸胀的种子200粒，沿胚的中线切为两半，将一半置于培养皿中，加入5%红墨水（以淹没种子为度），染色10～15min（温度高时间可短些）。

染色后倒去红墨水，用水冲洗多次至冲洗液无色为止。检查种子死活，凡种胚不着色或着色很浅的为活种子；凡种胚与胚乳着色程度相同的为死种子。可用沸水杀死的种子作对照观察。

5 结果计算

记录种胚不着色或着色浅的种子数，计算出发芽率。

SOP-SC-3007TTC 法种子活力的测定

Pesticide Bioassay Testing SOP for Tetrazolium Seed Viability Test

1 适用范围

本规范适用于杂草种子活力的测定。

2 试验器具与试剂

恒温箱、烧杯、培养皿、镊子、刀片、电子天平。

0.5%TTC 溶液：称取 0.5gTTC 放在烧杯中，加入少许 95%乙醇使其溶解，然后用蒸馏水稀释至 100mL。溶液避光保存，若变红色，即不能再用。

3 测定原理

凡有生命力的种子胚部，在呼吸作用过程中都有氧化还原反应，而无生命活力的种胚则无此反应。当 TTC 渗入种胚的活细胞内，并作为氢受体被脱氢辅酶（$NADH_2$ 或 $NADPH_2$）上的氢还原时，便由无色的 TTC 变为红色的三苯基甲腙（TTF）。

4 操作步骤

4.1 浸种

将待测种子在 30～35℃温水中浸种，时间因不同种子而异，以增强种胚的呼吸强度，使显色迅速。

4.2 显色

取吸胀的种子 200 粒，用刀片沿种子胚的中心线纵切为两半，将其中的一半置于 2 个培养皿中，每皿 100 个半粒，加入适量的 0.5%TTC，以覆盖种子为度。然后置于 30℃恒温箱中 0.5～1h。观察结果，凡胚被染为红色的是活种子。将另一半在沸水中煮 5min 杀死，做同样染色处理，作为对照观察。

5 结果计算

计算活种子的百分率。

SOP-SC-3008 溴麝香草酚蓝法种子活力的测定

Pesticide Bioassay Testing SOP for BTB Determination of Seed Viability

1 适用范围

本规范适用于杂草种子活力的测定。

2 试验器具与试剂

恒温箱、电子天平（精确度为 0.1μg）、培养皿、烧杯、镊子、漏斗、滤纸、琼脂。

0.1%BTB 溶液：称取 BTB0.1g，溶解于煮沸过的水中（配制指示剂的水应为微碱性，使溶液呈蓝色或蓝绿色，蒸馏水为微酸性不宜用）。然后用滤纸滤去残渣。滤液若呈黄色，可加数滴稀氨水，使之变为蓝色或蓝绿色。此液贮于棕色瓶中可长期保存。

1%BTB 琼脂凝胶：取 0.1%BTB 溶液 100mL 置于烧杯中，将 1g 琼脂剪碎后加入，用小火加热并不断搅拌。待琼脂完全溶解后，趁热倒入数个培养皿中，使成一均匀的薄层，冷却后备用。

3 测定原理

凡活细胞必有呼吸作用，吸收空气中的 O_2 放出 CO_2。CO_2 溶于水成为 H_2CO_3，H_2CO_3 解离成 H^+ 和 HCO_3^-，使得种胚周围环境的酸度增加，可用溴麝香草酚蓝（BTB）来测定酸度的改变，BTB 的变色范围为 pH6.0～7.6，酸性呈黄色，碱性呈蓝色，中间经过绿色（变色点为 pH7.1）。色泽差异显著，易于观察。

4 操作步骤

4.1 浸种

将待测种子在 30～35℃温水中浸种，时间因不同种子而异，以增强种胚的呼吸强度，使显色迅速。

4.2 显色

取吸胀的种子 200 粒，整齐地埋于准备好的琼脂凝胶培养皿中，种子平放，间隔距离至少 1cm。然后将培养皿置于 30℃培养箱中培养 2～4h，在蓝色背景下观察，如种胚附近呈现较深黄色晕圈是活种子，否则是死种子。用沸水杀死的种子做同样处理，进行对比观察。

5 结果计算

记录种胚附近出现黄色晕圈的活种子数，计算出发芽率。

SOP-SC-3009 酯酶同工酶法种子活力的测定

Pesticide Bioassay Testing SOP for Esterase Isozyme Test for Seed Viability

1 适用范围

本规范适用于杂草种子活力的测定。

2 试验器具与试剂

电泳仪、电泳槽、注射器、烧杯、量筒、试管、漏斗、滤纸、镊子、移液器等。

蔗糖、顺丁烯二酸、乙酸、TEMED、两性电解质载体、丙烯酰胺、双丙烯酰胺、氢氧化钠、过硫酸铵等。

3 测定原理

种子萌发的过程是一系列以生物化学变化为基础的细胞分裂和生长的结果。从吸胀萌动开始所产生的一系列生物化学变化，一定程度上标志种子内在的特性，可以用来预测种子的活力水平。在室温条件下，随着贮存时间的延长，特别是超过一定安全贮存时间，种子遗传稳定性发生改变。在生理生化测定中，同工酶是非常重要，也是经常利用的指标。一般来说，种子贮存时间短，酶带条数多，着色较深；贮存时间长，酶带条数少，着色较浅。从而可以评价种子活力。目前，利用较多的是采用酯酶同工酶电泳技术。

4 操作步骤

4.1 溶液配制

4.1.1 电极液 ①1mol/L H_3PO_4（正极）：11.5mL 85%磷酸用蒸馏水定容至100mL；②1mol/L NaOH（负极）：4g氢氧化钠溶于100mL蒸馏中。

4.1.2 40%蔗糖：40g蔗糖定容至100mL。

4.1.3 30% Acr-Bis：30g丙烯酰胺+1.5g双丙烯酰胺溶于蒸馏水中，充分搅拌后过滤，定容至100mL。

4.1.4 甘-T：23mL丙三醇+0.5mL TRITON用蒸馏水定容至100mL。

4.1.5 1%四甲基乙二胺（TEMED）：1mL TEMED用蒸馏水定容至100mL。

4.1.6 1%过硫酸铵（AP）：1gAP用蒸馏水定容至100mL。

4.1.7 顺丁烯二酸缓冲液：3.08g氢氧化钠+5.8g顺丁烯二酸用蒸馏水定容至1000mL。

4.1.8 1%α-萘酯：1g乙酸-1-萘酯用蒸馏水定容至100mL正丁醇。

4.1.9 7%冰醋酸：70mL冰醋酸用蒸馏水定容至1000mL。

4.2 凝胶制备

4.2.1 配制凝胶前，应把玻璃板准备好。将两块干净的玻璃板叠放在一起，之间夹上所需凝胶厚度的胶条进行四边密封，一端留有小口，用来灌胶。然后用文具夹将玻璃板四周固定好。注意夹子作用力点在胶条正中，以防漏胶。

4.2.2 配制凝胶时，先将所需贮备液自冰箱中取出，放至室温。

4.2.3　将各种贮存液按一定比例混合，最后加入 0.5mL 1%过硫酸铵，搅拌均匀；然后用注射器吸净混合液，排除气泡，缓缓注入玻璃板的夹隙内（表 3）。

表 3　凝胶制备成分和用量

序号	试剂溶液名称	加入量/(mL/板)
1	30%Acr-Bis	2.8
2	40%蔗糖	3.0
3	甘-T	1.5
4	1% TEMED	2.2
5	蒸馏水	5.5
6	两性电解质	0.6

4.2.4　将注入混合液的玻璃板静置放好，隔夜使用。

4.3　样品处理

先将所需检验种子进行浸泡、发芽。取幼芽 0.5g，用 pH 8.9 的 Tris-柠檬酸缓冲液提取，在冰冻离心机中离心 5min（8000r/min），取上清液备用。

4.4　电泳

4.4.1　剥胶板。将胶板取出，揭去上层的玻璃板和胶条，用蒸馏水轻轻冲洗一下胶面。

4.4.2　点样。用小纸条蘸样，均匀地点在胶板上，点样要求整齐、迅速。

4.4.3　进样。将浸入电极液的滤纸条取出，压半胶放在胶板上，然后放入电泳槽内，注意正负极相吻合。将电泳槽平置于冰箱内（电泳时一般在 0～4℃冰箱中进行），接通电源，把电泳仪调至电压 50V，电流以每板胶不超过 17mA 为准，然后开始电泳。进样时间一般在 1.5～2h。

4.4.4　揭样纸。待电流降至每板胶 3mA 以下时，切断电源，取出胶板，揭去样纸后，将电压调至 220～320V 继续电泳。

4.4.5　加压。当电流降至每板胶 3mA 以下时，升高电压至 580V，继续电泳 1.5h 左右。

4.4.6　电流降至每板 3mA 以下时，切断电源，停止电泳。

4.5　染色固定和记录结果

4.5.1　电泳完毕后，将胶板取出，揭去两极滤纸条，放入顺丁烯二酸缓冲液中。然后加入 1%α-萘酯，混匀，再放入固蓝 RR 盐少许。待谱带清晰后，立即放入 7%冰乙酸中固定，以后可用甘油浸泡，制成干胶板。

4.5.2　统计结果，登记入册。

4.6　制作干胶板

4.6.1　取完全浸湿的平整玻璃纸一张，于玻璃板上铺平，使玻璃板与 1/2 玻璃纸的中心位置吻合。

4.6.2　将凝胶铺于上述玻璃纸上，对齐中心位置，使四边留出距离相等，把另 1/2 玻璃纸折起盖在胶面上，并与下层玻璃纸对齐，要求光滑平整。

4.6.3　将凝胶四边上下两层玻璃纸贴紧，然后将各边的玻璃纸多余部分折向玻璃板反面。

4.6.4　置于室温中自然干燥，即可得一张图谱清晰的干胶板。

SOP-SC-3010 电导率法杂草种子活力的测定

Pesticide Bioassay Testing SOP for Electrical Conductivity Test for Seed Viability

1 适用范围

本规范适用于靶标种子活力的测定。

2 试验器具与试剂

蒸馏水、恒温培养箱、DDS-11A 型电导仪。

3 测定原理

种子在老化过程中，其内部结构和代谢发生了质的变化，主要是膜结构受到破坏，膜完整性丧失，透性增大，使大量代谢物质外渗，因此种子电导率增大。活力不同的种子膜损伤程度不同，膜透性不同，浸泡时种子外渗量不同。贮存时间愈长，其种子活力愈低，种子外渗加大，其电导率就高。浸出液电导率与种子各活力指标呈显著或极显著负相关。在种子监测中，电导率具有快速、方便、准确的特点，可以作为一项监测种子劣度的生理指标。

4 操作步骤

选取整齐一致的种子称取 1g，每个样品设 3 个重复，用自来水、蒸馏水依次各冲洗 3 次，用滤纸吸干，置于刻度试管中，加蒸馏水 10mL，在 25℃的恒温培养箱中浸泡。测前摇动，在室温条件下用上海产的 DDS-11A 型电导仪测定 4h、8h、24h、48h 的种子浸出液电导率。测定完毕煮沸 10min，冷却至室温，测定其绝对电导率。

5 结果计算

$$\text{相对电导率} = \frac{\text{煮沸前浸出液电导率}}{\text{绝对电导率}} \times 100\%$$

SOP-SC-3011 种子休眠的破除

Pesticide Bioassay Testing SOP for Breaking of Seed Dormancy

1 适用范围

本规范适用于杂草种子休眠的破除。

2 破除种子休眠的方法

2.1 低温处理法

2.1.1 从净度测定后的好种子中随机取样 100 粒种子，重复 4 次。

2.1.2 将种子放在湿润的发芽床上，根据不同种子所需的低温温度（一般为 5～12℃）处理所需的一定时间（一般 2～3d）。

2.1.3 取出种子，在 20℃条件下发芽，1d 后计算发芽势，6d 左右计算发芽率。

2.2 高温干燥法

2.2.1 从净度测定后的好种子中随机取样 100 粒种子，重复 4 次。

2.2.2 将种子置于不同种子所需的高温（一般为 45～60℃）干燥处理所需的一定时间（一般 3～5d）。

2.2.3 取出种子，按种子标准发芽试验方法进行发芽和检查，以及计算发芽率和发芽势。

2.3 双氧水处理法

2.3.1 从净度测定后的好种子中随机取样 100 粒种子（各 4 份），同一样品每 2 份作为一个处理，分别置于干燥的小广口瓶中。加入不同浓度的双氧水：高浓度的双氧水（原液）以淹没种子为度；低浓度的双氧水以超出种子 2cm 为宜。立即加盖摇动，使种子全部沉入瓶底。如用低浓度的双氧水，在浸种期间应摇数次。

2.3.2 到达规定时间后，将种子和双氧水倒于塑料网上，滤去多余的双氧水（塑料网应预先放在三角瓶上的漏斗中）。

2.3.3 用低浓度的双氧水处理的种子，可将种子滤后立即置床发芽；用高浓度双氧水处理的种子，滤后还应用吸水纸吸去种子表面的双氧水，然后置床发芽。种子发芽采用标准发芽法或沙床发芽法，在规定时间后计算发芽势，再过一定时间后计算发芽率。发芽温度参考标准发芽法。

2.4 赤霉素处理法

2.4.1 从净度测定后的好种子中随机取样 100 粒种子（各 4 份）。

2.4.2 用一定浓度（不同种子所需浓度变化很大，从 10～500mg/L，甚至更高或更低浓度）赤霉素溶液湿润发芽床。

2.4.3 将种子置于湿润的发芽床上，按照标准发芽法进行发芽。

2.5 其他特殊处理法

2.5.1 机械处理法

2.5.1.1 机械处理壳以改变种子种皮状况和消除种皮对萌发的抑制作用。

2.5.1.2 可以采用针刺种胚法。

2.5.1.3 具体操作：从净度测定后的好种子中随机取样 100 粒种子（各 4 份），分别置于烧杯中用水浸 0.5～1h 后取出（一些种子需去除颖壳），用解剖针对准种子种胚中央（或胚轴处）刺入，深度为胚的 1/2 以上。注意不要刺伤胚根和胚芽，随即按照标准发芽试验法置床发芽。另外，也可以对种子用去壳机器进行去稃处理，以去除种子稃壳。

2.5.2 层积处理法

2.5.2.1 许多种子都需要层积处理使之通过休眠。

2.5.2.2 一般是将种子放在潮湿的条件下经历较长时间（一般 1～6 个月，根据不同种子所需时间而异）。

2.5.2.3 最常用的方法：在贮藏容器中分层放入湿润的基质（沙）和种子，将适量的种子袋放入，铺平，厚度适宜（不要太厚，以可以使种子充分湿润为宜），种子和沙层交错铺放。层积温度随不同种子而异。

（三）常规靶标试材培养

SOP-SC-3012 稗草

Pesticide Bioassay Testing SOP for Barnyardgrass

1 适用范围

本规范适用于杂草稗草［*Echinochloa crusgalli*（L.）Beauv.］的种子采集、保存与培养。

2 分类地位及生物学特性

稗草［*Echinochloa crusgalli*（L.）Beauv.］，英文名 barnyardgrass。属于禾本科(Gramineae) 稗属（*Echinichloa* Beauv.）。为一年生草本。种子繁殖。秋熟杂草。种子萌发从 10℃开始，最适温度为 20～30℃；适宜的土层深度为 1～5cm，尤以 1～2cm 出苗率最高，埋入土壤深层未发芽的种子可存活 10 以上；对土壤含水量要求不严，特别能耐高湿。发生期早晚不一，但基本为晚春型出苗的植株，大致 7 月上旬前后抽穗、开花，8 月初果实即渐次成熟。稗草是世界范围恶性杂草，分布在全球温带地区，几乎遍布于我国各地，是水稻田重要杂草。

3 种子管理标准

3.1 每年 9 月的上、中旬分批采集水田稗草成熟种子。

3.2 将采集的种子置于室内自然条件下风干、越冬，翌年 4 月份测种子发芽率并置于冰箱 4℃条件下保存，每隔 1 个月定期检测种子发芽率。

3.3 实验用种子 2 年更换 1 次。

3.4 种子注明名称、采集时间、发芽率，种子间谨防混杂。

4 栽培与管理

4.1 用具：一次性塑料杯或塑料花盆等容器，以及底盘、试验架等。

4.2 土壤：试验用土为未用药地块收集的试验专用土，土壤类型以壤土为优，花肥拌沙混用。

4.3 浸种：选择饱满种子用清水浸泡，在（28±2)℃下浸种 6h。

4.4 催芽：将浸泡好的种子用水冲洗干净放于发芽盒内，上盖浸湿的纱布或滤纸保湿，6h 冲洗一次，(30±2)℃下催芽 24h。

4.5 装土：将土装满一次性塑料杯或花盆的 3/4，加水使容器内土壤完全湿润。

4.6 播种：将塑料杯置于不锈钢盘或其他底盘内，将露白稗草种子均匀撒播于塑料杯或花盆内，保证每杯或盆 10～20 粒种子。

4.7 覆土：种子上覆 1cm 左右厚混沙细土。

4.8 培育：置于温室培养，温室中温度保持在 15～35℃，空气湿度 50%以上。

4.9 浇水：从底部加水，保持土表 0.5cm 水层。

4.10 待稗草长至适龄即可用作试验处理；茎叶处理的试材在处理前需要定植。

SOP-SC-3013 马唐

Pesticide Bioassay Testing SOP for Crabgrass

1 适用范围

本规范适用于杂草马唐［*Digitaria sanguinalis*（L.）Scop］的种子采集、保存与培养。

2 分类地位及生物学特性

马唐［*Digitaria sanguinalis*（L.）Scop］，英文名 crabgrass。属于禾本科(Gramineae) 马唐属（*Digitaria* Hall.）。为一年生草本。种子繁殖。秋熟杂草。种子萌发从 10℃开始，最适温度为 20～30℃；适宜的土层深度为 1～5cm，尤以 1～3cm 出苗率最高；对土壤含水量要求不严，特别能耐旱耐瘠。4～7 月出苗，7 月上旬前后抽穗、开花，8～11 月种子渐次成熟。种子寿命较短，3 年。分布于全国各地，以北方最为普遍，危害秋熟旱作物田、苗圃、果园等。

3 种子管理

3.1 每年 10 月的上、中旬分批采集马唐成熟种子。

3.2 将采集的种子置于室内自然条件下风干、越冬，翌年 4 月份测种子发芽率并置于冰箱 4℃条件下保存，每隔 1 个月定期检测种子发芽率。

3.3 实验用种子 2 年更换 1 次。

3.4 保存种子编号，注明名称、采集时间、发芽率，种子间谨防混杂。

4 栽培与管理

4.1 用具：口径 9.5cm、深 8cm 花盆，底盘，试验架等。

4.2 土壤：试验用土为未用药地块收集的试验专用土，土壤类型以壤土为优，花肥拌沙混用。

4.3 装土：将土壤装至花盆的 3/4。

4.4 浸土：将花盆置于盛有 5cm 深水的不锈钢盆内，水从花盆底部向上渗透，使土壤完全湿润。

4.5 播种：将花盆取出置于底盘内，将马唐种子均匀撒播于花盆内，保证每盆 20～30 粒种子。

4.6 覆土：种子上覆 1cm 左右厚混沙细土。

4.7 培育：置于温室中培养，温室中温度保持在 15～35℃，空气湿度 50%以上。

4.8 浇水：从花盆底部加水，使土壤保持湿润，含水量在 20%～30%。

4.9 待马唐长至适龄即可用作试验处理；茎叶处理的试材在处理前需要定植。

SOP-SC-3014 金狗尾草

Pesticide Bioassay Testing SOP for Yellow Foxtail

1 适用范围

本规范适用于杂草狗尾草［*Setaria glauca*（L.）Beauv.］的种子采集、保存与培养。

2 分类地位及生物学特性

狗尾草［*Setaria glauca*（L.）Beauv.］，英文名 yellow foxtail。属于禾本科（Gramineae）狗尾草属（*Setaria* Beauv.）。为一年生草本。种子繁殖。秋熟杂草。种子发芽适宜温度为15～30℃；适宜的土层深度为1～3cm，埋在深层未发芽的种子可存活10～15年；对土壤水分和地力要求不高，相当耐旱耐瘠。4～5月初出苗，5月中下旬形成高峰，以后随降雨和灌水还要出现1～2个小高峰；早苗6月初抽穗开花；7～9月颖果陆续成熟，脱落刚毛落地或混杂于收获物中，还可借风力、流水和动物传播扩散。种子经冬眠后萌发。

分布于全国各地。生于农田、荒地、路旁等处。主要危害谷子、粟子、玉米、高粱、棉花、豆类、花生、薯类和果树及苗木等。

3 种子管理

3.1 每年9月上、中旬分批采集大狗尾草成熟种子。

3.2 将采集的种子置于室内自然条件下风干，拌消毒土后一起装入沙网内并埋入13～15cm土层下进行层积处理，翌年2月取出，洗净晾干后测种子发芽率并置于冰箱4℃条件下保存，每隔1个月定期检测种子发芽率。

3.3 实验用种子2年更换1次。

3.4 保存种子编号，注明名称、采集时间、发芽率，种子间谨防混杂。

4 栽培与管理

4.1 用具：口径9.5cm、深8cm花盆，不锈钢盆等底盘，试验架等。

4.2 土壤：试验用土为未用药地块收集的试验专用土，土壤类型以壤土为优，花肥拌沙混用。

4.3 装土：将土壤装至花盆的3/4。

4.4 浸土：将花盆置于盛有5cm深水的大不锈钢底盘内，水从花盆底部渗透，使土壤完全湿润。

4.5 播种：将花盆取出置于试验台或试验架的底盘内，将狗尾草种子均匀撒播于花盆内，保证每盆20～30粒种子。

4.6 覆土：种子上覆1cm左右厚混沙细土。

4.7 培育：置于温室培养，温室中温度保持在15～30℃，空气湿度50％以上。

4.8 浇水：从花盆底部加水，使土壤保持湿润，含水量在20％～30％。

4.9 待狗尾草长至适龄即可用作试验处理；茎叶处理的试材在处理前需要定植。

SOP-SC-3015 大狗尾草

Pesticide Bioassay Testing SOP for Giant Foxtail

1 适用范围

本规范适用于杂草大狗尾草（*Setaria faberi* Herrm）的种子采集、保存与培养。

2 分类地位及生物学特性

大狗尾草（*Setaria faberi* Herrm），英文名 giant foxtail 或 faber bristlegrass。属于禾本科（Gramineae）狗尾草属（*Setaria* Beauv.）。为一年生草本。种子繁殖。秋熟杂草。种子发芽适宜温度为 15～30℃；适宜的土层深度为 1～3cm，埋在深层未发芽的种子可存活 10～15 年；对土壤水分和地力要求不高，相当耐旱耐瘠。4～5 月初出苗，5 月中下旬形成高峰，以后随降雨和灌水还要出现 1～2 个小高峰；早苗 6 月初抽穗开花；7～9 月颖果陆续成熟，脱落刚毛落地或混杂于收获物中，还可借风力、流水和动物传播扩散。种子经冬眠后萌发。

分布于全国各地。生于农田、荒地、路旁等处。主要危害谷子、粟子、玉米、高粱、棉花、豆类、花生、薯类和果树及苗木等。

3 种子管理

3.1 每年 9～10 月分批采集大狗尾草成熟种子。

3.2 将采集的种子置于室内自然条件下风干，拌消毒土后一起装入沙网内并埋入 13～15cm 土层下进行层积处理，翌年 2 月取出，洗净晾干后测种子发芽率并置于冰箱 4℃条件下保存，每隔 1 个月定期检测种子发芽率。

3.3 实验用种子 2 年更换 1 次。

3.4 保存种子编号，注明名称、采集时间、发芽率，种子间谨防混杂。

4 栽培与管理

4.1 用具：口径 9.5cm、深 8cm 花盆，不锈钢盆等底盘，试验架等。

4.2 土壤：试验用土为未用药地块收集的试验专用土，土壤类型以壤土为优，花肥拌沙混用。

4.3 装土：将土壤装至花盆的 3/4。

4.4 浸土：将花盆置于盛有 5cm 深水的大不锈钢底盘内，水从花盆底部渗透，使土壤完全湿润。

4.5 播种：将花盆取出置于试验台或试验架的底盘内，将狗尾草种子均匀撒播于花盆内，保证每盆 20～30 粒种子。

4.6 覆土：种子上覆 1cm 左右厚混沙细土。

4.7 培育：置于温室培养，温室中温度保持在 20～35℃，空气湿度 50%以上。

4.8 浇水：从花盆底部加水，使土壤保持湿润，含水量在 20%～30%。

4.9 待大狗尾草长至适龄即可用作试验处理，茎叶处理的试材在处理前需要定植。

SOP-SC-3016 看麦娘

Pesticide Bioassay Testing SOP for Blackgrass

1 适用范围

本规范适用于杂草看麦娘（*Alopecurus aequalis* Sobol）的种子采集、保存与培养。

2 分类地位及生物学特性

看麦娘（*Alopecurus aequalis* Sobol），英文名 blackgrass。属于禾本科（Gramineae）看麦娘属（*Alopecurus* L.）。为越年生或一年生草本。种子繁殖。夏熟杂草。种子发芽的最低温度为 5℃，最适温度 15～20℃，高于 25℃多数不能萌发；适宜的土壤含水量为 40%～45%，较喜湿，种子埋在水田内的寿命比埋在旱田内长；适宜的土层深度为 0～5cm，尤以 0～2cm 发芽率最高。

看麦娘以幼苗或种子越冬，种子休眠期为 3～4 个月。在华北地区，2 月中下旬即可发芽出土，5 月初开始抽穗、开花，5～6 月份颖果成熟。在长江中下游地带，8 月底 9 月初开始出苗，10～11 月份形成出苗高峰（翌年早春也有少量种子发芽出土），翌年 4 月底至 5 月初抽穗、开花（部分出苗早的植株冬前也可抽穗、开花），5 月中下旬颖果成熟，全生育期 120～200d。

在我国主要分布于华东、中南地区及云南、四川、陕西、山西、河北等省。多生长在稻区比较湿润的中性至微酸性黏土、壤土田野及道旁。

长江以南地区，大面积稻茬麦、油菜、绿肥等作物屡受其害；华北地区，稻麦两熟的麦田近年也遭其害。

3 种子管理

3.1 每年 5 月中旬采集看麦娘成熟种子。

3.2 将采集的种子置于室内自然条件下风干，7 月份测种子发芽率并置于冰箱 4℃条件下保存，每隔 1 个月定期检测种子发芽率。

3.3 实验用种子 2 年更换 1 次。

3.4 保存种子编号，注明名称、采集时间、发芽率，种子间谨防混杂。

4 栽培与管理

4.1 用具：口径 9.5cm、深 8cm 花盆等，不锈钢盆等底盘，试验架等。

4.2 土壤：试验用土为未用药地块收集的试验专用土，土壤类型以壤土为优，花肥拌沙混用。

4.3 装土：将土壤装至花盆的 3/4。

4.4 浸土：将花盆置于盛有 5cm 深水的大不锈钢盆内，水从花盆底部渗透，使土壤完全湿润。

4.5 播种：将花盆取出置于不锈钢盆内，将看麦娘种子均匀撒播于花盆内，保证每盆 20 粒种子。

4.6 覆土：种子上覆 0.8cm 左右厚混沙细土。

4.7 培育：置于温室培养，温室中温度保持在10～20℃。

4.8 浇水：从花盆底部加水，使土壤保持湿润，含水量在30％～35％以上。

4.9 待看麦娘长至适龄即可用作试验处理，茎叶处理的试材在处理前需要定植。

SOP-SC-3017 日本看麦娘

Pesticide Bioassay Testing SOP for Japanese Blackgrass

1 适用范围

本规范适用于杂草日本看麦娘（*Alopecurus aequalis* Sobol）的种子采集、保存与培养。

2 分类地位及生物学特性

日本看麦娘（*Alopecurus aequalis* Sobol），英文名 Japanese alopecurus。属于禾本科（Gramineae）看麦娘属（*Alopecurus* L.）。为越年生或一年生草本。种子繁殖。夏熟杂草。种子发芽的最低温度为 5℃，最适温度 15～20℃，高于 25℃多数不能萌发；适宜的土壤含水量为 40%～45%，较喜湿，种子埋在水田内的寿命比埋在旱田内长；适宜的土层深度为 0～5cm，尤以 0～2cm 发芽率最高。

日本看麦娘以幼苗或种子越冬，种子休眠期为 3～4 个月。在华北地区，2 月中下旬即可发芽出土，5 月初开始抽穗、开花，5～6 月份颖果成熟。在长江中下游地带，8 月底 9 月初开始出苗，10～11 月份形成出苗高峰（翌年早春也有少量种子发芽出土），翌年 4 月底至 5 月初抽穗、开花（部分出苗早的植株冬前也可抽穗、开花），5 月中下旬颖果成熟，全生育期 120～200d。

在我国主要分布于陕西、湖北、江苏、浙江、广东等地。多生长在麦田或草地。部分麦田常见，有时数量较多，危害较重。

3 种子管理

3.1 每年 5 月中旬采集日本看麦娘成熟种子。

3.2 将采集的种子置于室内自然条件下风干，7 月份测种子发芽率并置于冰箱 4℃条件下保存，每隔 1 个月定期检测种子发芽率。

3.3 实验用种子 2 年更换 1 次。

3.4 保存种子编号，注明名称、采集时间、采集地点、发芽率，种子间谨防混杂。

4 栽培与管理

4.1 用具：口径 9.5cm、深 8cm 花盆等，不锈钢盆等底盘，试验架等。

4.2 土壤：试验用土为未用药地块收集的试验专用土，土壤类型以壤土为优，花肥拌沙混用。

4.3 装土：将土壤装至花盆的 3/4。

4.4 浸土：将花盆置于盛有 5cm 深水的大不锈钢盆内，水从花盆底部向上渗透，使土壤完全湿润。

4.5 播种：将花盆取出置于不锈钢盆内，将日本看麦娘种子均匀撒播于花盆内，保证每盆 20 粒种子。

4.6 覆土：种子上覆 0.8cm 左右厚混沙细土。

4.7 培育：置于温室培养，温室中温度保持在 10～20℃。

4.8 浇水：从花盆底部加水，使土壤保持湿润，含水量在 30%～35%以上。

4.9 待日本看麦娘长至适龄即可用作试验处理，茎叶处理的试材在处理前需要定植。

SOP-SC-3018 早熟禾

Pesticide Bioassay Testing SOP for Annual Bluegrass

1 适用范围

本规范适用于杂草早熟禾（*Poa annua* L.）的采集、保存与培养。

2 分类地位及生物学特性

早熟禾（*Poa annua* L.），英文名 annual bluegrass。属于禾本科（Gramineae）早熟禾属（*Poa* L.）。为两年生草本。种子繁殖。夏熟杂草。种子发芽的最低温度为 5℃，最适温度 15～20℃，高于 25℃多数不能萌发；适宜的土壤含水量为 40%～45%，较喜湿，种子埋在水田内的寿命比埋在旱田内长；适宜的土层深度为 0～5cm，尤以 0～2cm 发芽率最高。

早熟禾或种子越冬，种子休眠期为 3～4 个月。在华北地区，2 月中下旬即可发芽出土，5 月初开始抽穗、开花，5～6 月份颖果成熟。在长江中下游地带，8 月底 9 月初开始出苗，10～11 月份形成出苗高峰（翌年早春也有少量种子发芽出土），翌年 4 月底至 5 月初抽穗、开花（部分出苗早的植株冬前也可抽穗、开花），5 月中下旬颖果成熟，全生育期120～200d。

分布于全国各地，也是世界广布性杂草，为夏熟作物田及蔬菜田杂草，亦常发生在路边、宅旁。局部地区蔬菜田、麦田和油菜田危害严重。

3 种子管理

3.1 每年 5 月中旬采集早熟禾成熟种子。

3.2 将采集的种子置于室内自然条件下风干，7 月份测种子发芽率并置于冰箱 4℃条件下保存，每隔 1 个月定期检测种子发芽率。

3.3 实验用种子 2 年更换 1 次。

3.4 保存种子编号，注明名称、采集时间、发芽率，种子间谨防混杂。

4 栽培与管理

4.1 用具：口径 9.5cm、深 8cm 花盆等，不锈钢盆等底盘，试验架等。

4.2 土壤：试验用土为未用药地块收集的试验专用土，土壤类型以壤土为优，花肥拌沙混用。

4.3 装土：将土壤装至花盆的 3/4。

4.4 浸土：将花盆置于盛有 5cm 深水的大不锈钢盆内，水从花盆底部向上渗透，使土壤完全湿润。

4.5 播种：将花盆取出置于不锈钢盆内，将早熟禾种子均匀撒播于花盆内，保证每盆 20 粒种子。

4.6 覆土：种子上覆 0.8cm 左右厚混沙细土。

4.7 培育：置于温室培养，温室中温度保持在 10～20℃。

4.8 浇水：从花盆底部加水，使土壤保持湿润，含水量在 20%～30%以上。

4.9 待早熟禾长至适龄即可用作试验处理，茎叶处理的试材在处理前需要定植。

SOP-SC-3019 牛筋草

Pesticide Bioassay Testing SOP for Goosegrass

1 适用范围

本规范适用于杂草牛筋草［*Eleusine indica*（L.）Gaerth］的采集、保存与培养。

2 分类地位及生物学特性

牛筋草［*Eleusine indica*（L.）Gaerth］，又名蟋蟀草，英文名 goosegrass。属于禾本科（Gramineae）穇属（*Eleusine* Gaertn）。为一年生草本。种子繁殖。夏熟杂草。种子发芽的最低温度为 5℃，最适温度 15～20℃，高于 25℃多数不能萌发；适宜的土壤含水量为 40%～45%，较喜湿，种子埋在水田内的寿命比埋在旱田内长；适宜的土层深度为 0～5cm，尤以 0～2cm 发芽率最高。

牛筋草或种子越冬，种子休眠期为 3～4 个月。在华北地区，2 月中下旬即可发芽出土，5 月初开始抽穗、开花，5～6 月份颖果成熟。在长江中下游地带，8 月底 9 月初开始出苗，10～11 月份形成出苗高峰（翌年早春也有少量种子发芽出土），翌年 4 月底至 5 月初抽穗、开花（部分出苗早的植株冬前也可抽穗、开花），5 月中下旬颖果成熟，全生育期120～200d。

多生长于荒芜之地、田间、路旁，为早熟旱作物田危害严重的恶性杂草，尤其以棉花田危害严重，也发生危害果园、桑园。分布几乎遍及全国，但以黄河流域和长江流域及其以南地区发生严重为多，广布世界温热带。

3 种子管理

3.1 每年 5 月中旬采集牛筋草成熟种子。

3.2 将采集的种子置于室内自然条件下风干，7 月份测种子发芽率并置于冰箱 4℃条件下保存，每隔 1 个月定期检测种子发芽率。

3.3 实验用种子 2 年更换 1 次。

3.4 保存种子编号，注明名称、采集时间、发芽率，种子间谨防混杂。

4 栽培与管理

4.1 用具：口径 9.5cm、深 8cm 花盆等，不锈钢盆等底盘，试验架等。

4.2 土壤：试验用土为未用药地块收集的试验专用土，土壤类型以壤土为优，花肥拌沙混用。

4.3 装土：将土壤装至花盆的 3/4。

4.4 浸土：将花盆置于盛有 5cm 深水的大不锈钢盆内，水从花盆底部渗透，使土壤完全湿润。

4.5 播种：将花盆取出置于不锈钢盆内，将牛筋草种子均匀撒播于花盆内，保证每盆 20 粒种子。

4.6 覆土：种子上覆 0.8cm 左右厚混沙细土。

4.7 培育：置于温室培养，温室中温度保持在 15～35℃。

4.8 浇水：从花盆底部加水，使土壤保持湿润，含水量在 20%～30%以上。

4.9 待牛筋草长至适龄即可用作试验处理，茎叶处理的试材在处理前需要定植。

SOP-SC-3020 野燕麦

Pesticide Bioassay Testing SOP for Wild Oat

1 适用范围

本规范适用于杂草野燕麦（*Avena fatua* L.）的采集、保存与培养。

2 分类地位及生物学特性

野燕麦（*Avena fatua* L.），英文名 wild oat。属于禾本科（Gramineae）燕麦属（*Avena* L.）。为越年生或一年生草本。种子繁殖。夏熟杂草。秋季或次年早春出苗，花果期在 4～9 月。由于种子具有“再休眠”的特性，故第一年在田间的发芽率一般不超过 50%，其余在以后的 3～4 年中陆续出土。种子发芽的适宜温度为 15～20℃；种子发芽的适宜的含水量为 17%～20%，并需从中吸收水分达到种子量的 70%才能发芽，若土壤含水量在 15%以下或 50%以上均较不利；适宜的土层深度为 1.5～12cm，在 20cm 以上土层中的种子出苗甚少。

广泛分布于我国东北、华北、西北及河南、安徽、江苏、湖北、福建、西藏等地。野燕麦的适应性比较强；不论在山地或谷地，平原或绿洲；不论在农田或荒野，田埂或沟边；不论在肥沃的壤土或瘠薄的沙土上都能生长。所以在旱地发生面积较大。是麦田的一种恶性杂草。

3 种子管理

3.1 每年 5 月中旬采集野燕麦成熟种了。

3.2 将采集的种子置于室内自然条件下风干，拌消毒土后一起装入沙网内并埋入 13～15cm 土层下进行层积处理，7 月份取出，洗净晾干后测种子发芽率并置于冰箱 4℃条件下保存，每隔 1 个月定期检测种子发芽率。

3.3 实验用种子 2 年更换 1 次。

3.4 保存种子编号，注明名称、采集时间、发芽率，种子间谨防混杂。

4 栽培与管理

4.1 用具：口径 9.5cm、深 8cm 花盆等，不锈钢盆等底盘，试验架等。

4.2 土壤：试验用土为未用药地块收集的试验专用土，土壤类型以壤土为优，花肥拌沙混用。

4.3 装土：将土壤装至花盆的 3/4。

4.4 浸土：将花盆置于盛有 5cm 深水的大不锈钢盘内，水从花盆底部渗透，使土壤完全湿润。

4.5 播种：将花盆取出置于不锈钢盘内，将野燕麦种子均匀撒播于花盆内，保证每盆 15～20 粒种子。

4.6 覆土：种子上覆 1cm 左右厚混沙细土。

4.7 培育：置于温室培养，温室中温度保持在 10～20℃。

4.8 浇水：从花盆底部加水，使土壤保持湿润，含水量在 20%～30%。

4.9 待野燕麦长至适龄即可用作试验处理，茎叶处理的试材在处理前需要定植。

SOP-SC-3021 千金子

Pesticide Bioassay Testing SOP for Feathergrass

1 适用范围

本规范适用于杂草千金子［*Leptochloa chinensis*（L.）Nees.］的采集、保存与培养。

2 分类地位及生物学特性

千金子［*Leptochloa chinensis*（L.）Nees.］，英文名 feathergrass。属于禾本科（Gramineae）千金子属（*Leptochloa* Beauv.）。为一年生草本。种子繁殖。秋熟杂草。种子萌发从10℃开始，最适温度为20～30℃；适宜的土层深度为1～3cm，埋在深层未发芽的种子可存活10～15年；对土壤水分和地力要求不高，相当耐旱耐瘠。5～6月初出苗，5月中下旬形成高峰，以后随降雨和灌水还要出现1～2个小高峰；早苗8月初抽穗开花；10～11月颖果陆续成熟，脱落刚毛落地或混杂于收获物中，还可借风力、流水和动物传播扩散。种子经冬眠后萌发。

分布于长江流域及其以南各省，陕西也有分布和危害。主要为湿润秋熟旱作物和水稻田的恶性杂草，尤以水改旱时发生量大，危害严重。

3 种子管理

3.1 每年10月的上、中旬分批采集千金子成熟种子。

3.2 将采集的种子置于室内自然条件下风干，拌消毒土后一起装入沙网内并埋入13～15cm土层下进行层积处理，翌年2月取出，洗净晾干后测种子发芽率并置于冰箱4℃条件下保存，每隔1个月定期检测种子发芽率。

3.3 实验用种子2年更换1次。

3.4 保存种子编号，注明名称、采集时间、发芽率，种子间谨防混杂。

4 栽培与管理

4.1 用具：口径9.5cm、深8cm花盆，不锈钢盆等底盘，试验架等。

4.2 土壤：试验用土为未用药地块收集的试验专用土，土壤类型以壤土为优，花肥拌沙混用。

4.3 装土：将土壤装至花盆的3/4。

4.4 浸土：将花盆置于盛有5cm深水的大不锈钢底盘内，水从花盆底部渗透，使土壤完全湿润。

4.5 播种：将花盆取出置于试验台或试验架的底盘内，将千金子种子均匀撒播于花盆内，保证每盆20～30粒种子。

4.6 覆土：种子上覆1cm左右厚混沙细土。

4.7 培育：置于温室培养，温室中温度保持在20～35℃，空气湿度50%以上。

4.8 浇水：从花盆底部加水，使土壤保持湿润，含水量在30%～35%。

4.9 待千金子长至适龄即可用作试验处理，茎叶处理的试材在处理前需要定植。

SOP-SC-3022 茵草

Pesticide Bioassay Testing SOP for American Sloughgrass

1 适用范围

本规范适用于杂草茵草［*Beckmannia syzigachne*（Steud.）Fernald.］的种子采集、保存与培养。

2 分类地位及生物学特性

茵草［*Beckmannia syzigachne*（Steud.）Fernald.］，英文名 American sloughgrass。属于禾本科（Gramineae）茵草属（*Beckmannia* Host）。为越年生或一年生草本。种子繁殖，夏熟杂草，秋季或次年早春出苗，花果期在 4～9 月。由于种子具有"再休眠"的特性，故第一年在田间的发芽率一般不超过 50%，其余在以后的 3～4 年中陆续出土。种子发芽的最低温度为 5℃，最适温度 15～20℃，高于 25℃多数不能萌发；适宜的土壤含水量为 40%～45%，较喜湿，种子埋在水田内的寿命比埋在旱田内长；适宜的土层深度为 0～5cm，尤以 0～2cm 发芽率最高。

广泛分布于全国。生于湿地或水边；部分麦田、稻田数量较多，危害严重。

3 种子管理

3.1 每年 5 月中旬采集茵草成熟种子。

3.2 将采集的种子置于室内自然条件下风干，拌消毒土后一起装入沙网内并埋入 13～15cm 土层下进行层积处理，7 月份取出，洗净晾干后测种子发芽率并置于冰箱 4℃条件下保存，每隔 1 个月定期检测种子发芽率。

3.3 实验用种子 2 年更换 1 次。

3.4 保存种子编号，注明名称、采集时间、发芽率，种子间谨防混杂。

4 栽培与管理

4.1 用具：口径 9.5cm、深 8cm 花盆等，不锈钢盆等底盘，试验架等。

4.2 土壤：试验用土为未用药地块收集的试验专用土，土壤类型以壤土为优，花肥拌沙混用。

4.3 装土：将土壤装至花盆的 3/4。

4.4 浸土：将花盆置于盛有 5cm 深水的大不锈钢盘内，水从花盆底部渗透，使土壤完全湿润。

4.5 播种：将花盆取出置于不锈钢盘内，将茵草种子均匀撒播于花盆内，每盆 15～20 粒种子。

4.6 覆土：种子上覆 1cm 左右厚混沙细土。

4.7 培育：置于温室培养，温室中温度保持在 10～20℃。

4.8 浇水：从花盆底部加水，使土壤保持湿润，含水量在 20%～30%。

4.9 待茵草长至适龄即可用作试验处理，茎叶处理的试材在处理前需要定植。

SOP-SC-3023 假高粱

Pesticide Bioassay Testing SOP for Johnsongrass

1 适用范围

本规范适用于杂草假高粱［*Sorghum halepense*（L.）Pers.］的种子采集、保存与培养。

2 分类地位及生物学特性

假高粱［*Sorghum halepense*（L.）Pers.］，又名石茅、约翰逊草、阿拉伯高粱，英文名 johnsongrass。属于禾本科（Gramineae）蜀黍属（*Sorghum* Moench.）。为多年生草本。根茎和种子繁殖。秋熟杂草。种子萌发从 10℃开始，最适温度为 20～30℃；适宜的土层深度为 1～5cm，尤以 1～2cm 出苗率最高；对土壤含水量要求不严，特别能耐高湿。发生期早晚不一，但基本为晚春型出苗的植株，大致 7 月上旬前后抽穗、开花，8 月初果实即渐次成熟。

我国有引种，全世界几乎均有引种。多生于湿润处、草地、旱作物地上，危害轻。生长在轮作作物、多年生作物地，多作物危害较严重，为检疫杂草之一。

3 种子管理标准

3.1 每年 9 月的上、中旬分批采集假高粱成熟种子。

3.2 将采集的种子置于室内自然条件下风干、越冬，翌年 4 月份测种子发芽率并置于冰箱 4℃条件下保存，每隔 1 个月定期检测种子发芽率。

3.3 实验用种子 2 年更换 1 次。

3.4 种子注明名称、采集时间、发芽率，种子间谨防混杂。

4 栽培与管理

4.1 用具：一次性塑料杯或塑料花盆等容器、底盘、试验架等。

4.2 土壤：试验用土为未用药地块收集的试验专用土，土壤类型以壤土为优，花肥拌沙混用。

4.3 浸种：选择饱满种子用清水浸泡，在（28±2)℃下浸种 6h。

4.4 催芽：将浸泡好的种子用水冲洗干净放于发芽盒内，上盖浸湿的纱布或滤纸保湿，6h 冲洗一次，(30±2)℃下催芽 24h。

4.5 装土：将土装满一次性塑料杯或花盆的 3/4，加水使容器内土壤完全湿润。

4.6 播种：将塑料杯或花盆置于不锈钢盘或其他底盘内，将露白假高粱种子均匀撒播于塑料杯或花盆内，保证每杯或盆 20 粒种子。

4.7 覆土：种子上覆 1cm 左右厚混沙细土。

4.8 培育：置于温室培养，温室中温度保持在 15～35℃，土壤含水量在 25%～35%。

4.9 待假高粱长至适龄即可用作试验处理，茎叶处理的试材在处理前需要定植。

SOP-SC-3024 硬草

Pesticide Bioassay Testing SOP for Keng Stiffgrass

1 适用范围

本规范适用于杂草硬草［*Sclerochloa kengiana*（Ohwi）Tzvel.］的采集、保存与培养。

2 分类地位及生物学特性

硬草［*Sclerochloa kengiana*（Ohwi）Tzvel.］，英文名 keng stiffgrass。属于禾本科（Gramineae）硬草属（*Sclerochloa* Beauv.）。为一年或两年生草本。种子繁殖。种子发芽最低温度为 1.8℃，在土壤中的适宜出苗深度为 0.12～2.4cm，超过这一深度难以出苗。硬草在秋季日平均温度 16～18℃时形成出苗高峰，至 12 月中旬停止，翌春 3 月再出现一个出苗小高峰。苗后 1 个月长到 3～4 叶时出现分蘖，于翌年 2 月下旬至 3 月上旬形成分蘖高峰，4 月上旬抽穗开花，5 月下旬颖果成熟，全生育期为 200～210d。硬草的分蘖力较强，单株可分蘖 1～11 个，平均 6 个。种子成熟后的发芽率为 65%。在江淮地区，种子寿命为 2 年。当年所产的种子有 90%通过自然落粒进入土壤，成为田间的主要感染源；其次是通过灌溉传播与扩散。

该草主要分布于河南、江苏、上海、安徽、江西等省（市）。

3 种子管理

3.1 每年 5 月的中、下旬采集硬草成熟种子。

3.2 将采集的种子置于室内自然条件下风干，拌消毒土后一起装入沙网内并埋入 13～15cm 土层下进行层积处理，翌年 2 月取出，洗净晾干后测种子发芽率并置于冰箱 4℃条件下保存，每隔 1 个月定期检测种子发芽率。

3.3 实验用种子 2 年更换 1 次。

3.4 保存种子编号，注明名称、采集时间、发芽率，种子间谨防混杂。

4 栽培与管理

4.1 用具：口径 9.5cm、深 8cm 花盆，不锈钢盆等底盘，试验架等。

4.2 土壤：试验用土为未用药地块收集的试验专用土，土壤类型以壤土为优，花肥拌沙混用。

4.3 装土：将土壤装至花盆的 3/4。

4.4 浸土：将花盆置于盛有 5cm 深水的大不锈钢底盘内，水从花盆底部渗透，使土壤完全湿润。

4.5 播种：将花盆取出置于试验台或试验架的底盘内，将硬草种子均匀撒播于花盆内，保证每盆 20～30 粒种子。

4.6 覆土：种子上覆 1cm 左右厚混沙细土。

4.7 培育：置于温室培养，温室中温度保持在 20～35℃。

4.8 浇水：从花盆底部加水，使土壤保持湿润，含水量在 30%～35%。

4.9 待硬草长至适龄即可用作试验处理，茎叶处理的试材在处理前需要定植。

SOP-SC-3025 雀麦

Pesticide Bioassay Testing SOP for Japanese Bromegrass

1 适用范围

本规范适用于杂草雀麦（*Bromus japonicus* Thunb.）的种子采集、保存与培养。

2 分类地位及生物学特性

雀麦（*Bromus japonicus* Thunb.），英文名 Japanese bromegrass。属于禾本科（Gramineae）雀麦属（*Bromus* L.）。为越年生或一年生草本。种子繁殖。夏熟杂草。种子发芽的最适温度为 25～30℃；适宜的土壤含水量为 40%～45%；适宜的土层深度为 0～5cm，尤以 0～2cm 发芽率最高。

早播麦田 10 月初发生，10 月上、中旬出现高峰期。花期 5～6 月。种子经夏季休眠后萌发，幼苗越冬。

在我国分布于长江、黄河流域各地。朝鲜、日本、欧洲等地也有分布。多生长在麦田、河滩地。危害值 1.75%，滩地麦田受害较重。

3 种子管理

3.1 每年 6 月中旬采集雀麦成熟种子。

3.2 将采集的种子置于室内自然条件下风干，7 月份测种子发芽率并置于冰箱 4℃条件下保存，每隔 1 个月定期检测种子发芽率。

3.3 实验用种子 2 年更换 1 次。

3.4 保存种子编号，注明名称、采集时间、采集地点、发芽率，种子间谨防混杂。

4 栽培与管理

4.1 用具：口径 9.5cm、深 8cm 花盆等，不锈钢盆等底盘，试验架等。

4.2 土壤：试验用土为未用药地块收集的试验专用土，土壤类型以壤土为优，花肥拌沙混用。

4.3 装土：将土壤装至花盆的 3/4。

4.4 浸土：将花盆置于盛有 5cm 深水的大不锈钢盆内，水从花盆底部向上渗透，使土壤完全湿润。

4.5 播种：将花盆取出置于不锈钢盆内，将雀麦种子均匀撒播于花盆内，保证每盆 20 粒种子。

4.6 覆土：种子上覆 0.8cm 左右厚混沙细土。

4.7 培育：置于温室培养，温室中温度保持在 10～20℃。

4.8 浇水：从花盆底部加水，使土壤保持湿润，含水量在 30%～35%以上。

4.9 待雀麦长至适龄即可用作试验处理，茎叶处理的试材在处理前需要定植。

SOP-SC-3026 节节麦

Pesticide Bioassay Testing SOP for Goat Grass

1 适用范围

本规范适用于杂草节节麦（*Aegilops tauschii* Coss.）的采集、保存与培养。

2 分类地位及生物学特性

节节麦（*Aegilops tauschii* Coss.），英文名 goat grass。属于禾本科（Gramineae）山羊草属（*Aegilops* L.）。一年生或越年生世界性恶性杂草。节节麦种子的发芽温度范围为 5～35℃，最佳发芽温度范围为 15～25℃。节节麦种子的萌发对酸碱度有较强的适应性，pH 在 3.0～10.0 环境条件下萌发率均超过 92%。节节麦萌发能够耐低水分渗透势，耐盐性。种子最佳出苗深度为 1～3cm，大于 9cm 则不能出苗。

以幼苗或种子越冬。节节麦在冬小麦田主要以幼苗越冬，也可以种子、分蘖和单株幼苗越冬。秋季出苗的节节麦冬前产生分蘖 3～4 个，多者 10 个以上。来年春季气温回升后，未出苗的种子还可继续出苗，还可继续分蘖。5～6 月主茎和分蘖都能抽穗结籽。

节节麦在我国的适生区主要分布在冬小麦主产区河南、河北、山东、山西西南部、陕西关中平原、宁夏中南部、甘肃东南部、湖北、江苏和安徽北部。

3 种子管理

3.1 每年 5 月中旬采集节节麦成熟种子。

3.2 将采集的种子置于室内自然条件下风干，7 月份测种子发芽率并置于冰箱 4℃条件下保存，每隔 1 个月定期检测种子发芽率。

3.3 实验用种子 2 年更换 1 次。

3.4 保存种子编号，注明名称、采集时间、发芽率，种子间谨防混杂。

4 栽培与管理

4.1 用具：口径 9.5cm、深 8cm 花盆等，不锈钢盆等底盘，试验架等。

4.2 土壤：试验用土为未用药地块收集的试验专用土，土壤类型以壤土为优，花肥拌沙混用。

4.3 装土：将土壤装至花盆的 3/4。

4.4 浸土：将花盆置于盛有 5cm 深水的大不锈钢盆内，水从花盆底部向上渗透，使土壤完全湿润。

4.5 播种：将花盆取出置于不锈钢盆内，将节节麦种子均匀撒播于花盆内，保证每盆 20 粒种子。

4.6 覆土：种子上覆 0.8cm 左右厚混沙细土。

4.7 培育：置于温室培养，温室中温度保持在 20～30℃。

4.8 浇水：从花盆底部加水，使土壤保持湿润，含水量在 20%～30%以上。

4.9 待节节麦长至适龄即可用作试验处理，茎叶处理的试材在处理前需要定植。

SOP-SC-3027 棒头草

Pesticide Bioassay Testing SOP for Fugacious Polypogon

1 适用范围

本规范适用于杂草棒头草（*Polypogon fugax* Nees ex Steud）的种子采集、保存与培养。

2 分类地位及生物学特性

棒头草（*Polypogon fugax* Nees ex Steud），英文名 fugacious polypogon。属于禾本科（Gramineae）棒头草属（*Polypogon* Desf.）。为一年生草本。种子繁殖。秋熟杂草。种子发芽适宜温度为15～30℃；适宜的土层深度为1～3cm，埋在深层未发芽的种子可存活10～15年；对土壤水分和地力要求不高，相当耐旱耐瘠。4～6月开花。多发生于潮湿之地。为夏熟作物田杂草，危害不重，除东北、西北外几乎广布于全国各省；朝鲜、日本和印度也有。

3 种子管理

3.1 每年5～6月的上、中旬分批采集棒头草成熟种子。

3.2 将采集的种子置于室内自然条件下风干，拌消毒土后一起装入沙网内并埋入13～15cm土层下进行层积处理，翌年2月取出，洗净晾干后测种子发芽率并置于冰箱4℃条件下保存，每隔1个月定期检测种子发芽率。

3.3 实验用种子2年更换1次。

3.4 保存种子编号，注明名称、采集时间、发芽率，种子间谨防混杂。

4 栽培与管理

4.1 用具：口径9.5cm、深8cm花盆，不锈钢盆等底盘，试验架等。

4.2 土壤：试验用土为未用药地块收集的试验专用土，土壤类型以壤土为优，花肥拌沙混用。

4.3 装土：将土壤装至花盆的3/4。

4.4 浸土：将花盆置于盛有5cm深水的大不锈钢底盘内，水从花盆底部渗透，使土壤完全湿润。

4.5 播种：将花盆取出置于试验台或试验架的底盘内，将棒头草种子均匀撒播于花盆内，保证每盆20～30粒种子。

4.6 覆土：种子上覆1cm左右厚混沙细土。

4.7 培育：置于温室培养，温室中温度保持在10～25℃，空气湿度50%以上。

4.8 浇水：从花盆底部加水，使土壤保持湿润，含水量在20%～30%。

4.9 待棒头草长至适龄即可用作试验处理，茎叶处理的试材在处理前需要定植。

SOP-SC-3028 鸭舌草

Pesticide Bioassay Testing SOP for Sheathed Monochoria

1 适用范围

本规范适用于杂草鸭舌草［*Monchoria vaginalis*（Burm. f.）Presl. ex Kunth］的种子采集、保存与培养。

2 分类地位及生物学特性

鸭舌草［*Monchoria vaginalis*（Burm. f.）Presl. ex Kunth］，英文名 sheathed monochoria。属于雨久花科（Pontederiaceae）雨久花属（*Monchoria* C. Presl.）。为一年生草本。种子繁殖。为晚春性杂草，雨季蔓延迅速；入夏开花；8～9 月果实成熟，种子随成熟随脱落。抗逆性强，生育期 60～80d。种子发芽适宜温度为 15～20℃，在土壤中发芽深度 2～6cm，种子在土壤中可以存活 5 年以上。

分布几乎遍及全国的水稻种植区，以长江流域及其以南地区发生最重，日本、印度、马来西亚和热带非洲也有。水稻田主要杂草，以早、中稻田危害严重；适宜于散射光线，稻棵封行后，仍能茂盛生长，对水稻的中期生长影响较大。

3 种子管理

3.1 每年 8 月中旬采集鸭舌草成熟种子。

3.2 将采集的种子置于室内自然条件下风干，7 月份测种子发芽率并置于冰箱 4℃条件下保存，每隔 1 个月定期检测种子发芽率。

3.3 实验用种子 2 年更换 1 次。

3.4 保存种子编号，注明名称、采集时间、发芽率，种子间谨防混杂。

4 栽培与管理

4.1 用具：口径 9.5cm、深 8cm 花盆等，不锈钢盆等底盘，试验架等。

4.2 土壤：试验用土为未用药地块收集的试验专用土，土壤类型以壤土为优，花肥拌沙混用。

4.3 装土：将土壤装至花盆的 3/4。

4.4 浸土：将花盆置于盛有 5cm 深水的大不锈钢盆内，水从花盆底部渗透，使土壤完全湿润。

4.5 播种：将花盆取出置于不锈钢盆内，将鸭舌草种子均匀撒播于花盆内，保证每盆 20 粒种子。

4.6 覆土：种子上覆 1cm 左右厚混沙细土。

4.7 培育：置于温室培养，温室中温度保持在 20～35℃。

4.8 浇水：从花盆底部加水，使土壤保持湿润，含水量在 25％～35％。

4.9 待鸭舌草长至适龄即可用作试验处理，茎叶处理的试材在处理前需要定植。

SOP-SC-3029 雨久花

Pesticide Bioassay Testing SOP for Korsakow Monochoria

1 适用范围

本规范适用于杂草雨久花（*Monochoria korsakowii* Regel et Maack.）的种子采集、保存与培养。

2 分类地位及生物学特性

雨久花（*Monochoria korsakowii* Regel et Maack.），英文名 korsakow monochoria。属于雨久花科（Pontederiaceae）雨久花属（*Monochoria* Persl）。为一年生沼生草本。种子繁殖。秋熟杂草。种子发芽的最低温度为 5℃，最适温度 15～20℃，高于 25℃多数不能萌发；适宜的土壤含水量为 40%～45%，较喜湿，种子埋在水田内的寿命比埋在旱田内长；适宜的土层深度为 0～5cm，尤以 0～2cm 发芽率最高。苗期春夏季，花果期夏秋季。

在我国主要分布于华东、华北。朝鲜、日本、前苏联西伯利亚地区也有。水稻田杂草，东北地区稻田发生数量大，危害严重。亦发生于水沟及浅水滩；华东地区稻田发生较少。

3 种子管理

3.1 每年 9 月中旬采集雨久花成熟种子。

3.2 将采集的种子置于室内自然条件下风干，翌年 4 月份测种子发芽率并置于冰箱 4℃条件下保存，每隔 1 个月定期检测种子发芽率。

3.3 实验用种子 2 年更换 1 次。

3.4 保存种子编号，注明名称、采集时间、发芽率，种子间谨防混杂。

4 栽培与管理

4.1 用具：口径 9.5cm、深 8cm 花盆等，不锈钢盆等底盘，试验架等。

4.2 土壤：试验用土为未用药地块收集的试验专用土，土壤类型以壤土为优，花肥拌沙混用。

4.3 装土：将土壤装至花盆的 3/4。

4.4 浸土：将花盆置于盛有 5cm 深水的大不锈钢盆内，水从花盆底部向上渗透，使土壤完全湿润。

4.5 播种：将花盆取出置于不锈钢盆内，将雨久花种子均匀撒播于花盆内，保证每盆 20 粒种子。

4.6 覆土：种子上覆 0.8cm 左右厚混沙细土。

4.7 培育：置于温室培养，温室中温度保持在 15～35℃。

4.8 浇水：从花盆底部加水，使土壤保持湿润，含水量在 35%以上。

4.9 待雨久花长至适龄即可用作试验处理，茎叶处理的试材在处理前需要定植。

SOP-SC-3030 慈姑

Pesticide Bioassay Testing SOP for Oldworld Arrowhead

1 适用范围

本规范适用于杂草慈姑（*Sagittaria sagittifolia* L.）的种子采集、保存与培养。

2 分类地位及生物学特性

慈姑（*Sagittaria sagittifolia* L.）又名野慈姑，英文名 oldworld arrowhead。属于泽泻科（Alismataceae）慈姑属（*Sagittaria* L.）。为多年生水生草本。种子或块茎繁殖。秋熟杂草。苗期 4～6 月，花期夏秋季，果期秋季，生育期 60～80d。种子发芽适宜温度为 15～20℃，在土壤中发芽深度 2～6cm，种子在土壤中可以存活 5 年以上。

分布几乎遍及全国；广布于北半球。水稻田常见杂草，北方部分水稻种植区，有时发生严重。

3 种子管理

3.1 每年 9 月中旬采集慈姑成熟种子。

3.2 将采集的种子置于室内自然条件下风干，翌年 4 月份测种子发芽率并置于冰箱 4℃条件下保存，每隔 1 个月定期检测种子发芽率。

3.3 实验用种子 2 年更换 1 次。

3.4 保存种子编号，注明名称、采集时间、发芽率，种子间谨防混杂。

4 栽培与管理

4.1 用具：口径 9.5cm、深 8cm 花盆等，不锈钢盆等底盘，试验架等。

4.2 土壤：试验用土为未用药地块收集的试验专用土，土壤类型以壤土为优，花肥拌沙混用。

4.3 装土：将土壤装至花盆的 3/4。

4.4 浸土：将花盆置于盛有 5cm 深水的大不锈钢盆内，水从花盆底部向上渗透，使土壤完全湿润。

4.5 播种：将花盆取出置于不锈钢盆内，将慈姑种子均匀撒播于花盆内，保证每盆 20 粒种子。

4.6 覆土：种子上覆 1cm 左右厚混沙细土。

4.7 培育：置于温室培养，温室中温度保持在 20～35℃。

4.8 浇水：从花盆底部加水，使土壤保持湿润，含水量在 25%～35%。

4.9 待慈姑长至适龄即可用作试验处理，茎叶处理的试材在处理前需要定植。

SOP-SC-3031 矮慈姑

Pesticide Bioassay Testing SOP for Pygmy Arrowhead

1　适用范围

本规范适用于杂草矮慈姑（*Sagittaria pygmaea* Mip.）的种子采集、保存与培养。

2　分类地位及生物学特性

矮慈姑（*Sagittaria pygmaea* Mip.），又名瓜皮草，英文名 pygmy arrowhead。属于泽泻科（Alismataceae）慈姑属（*Sagittaria* L.）。为多年生沼生草本。种子或块茎繁殖。秋熟杂草。苗期春夏季，花期 6～7 月，果期 8～9 月。带翅的瘦果可漂浮水面，随水流传播。种子发芽适宜温度为 15～30℃；适宜土层深度在 1～5cm；对土壤含水量要求不严。

分布于长江流域及其以南地区，陕西、河南等是省的水稻产区也有分布和危害。朝鲜、日本也有。为水稻田恶性杂草。

3　种子管理

3.1　每年 9 月的上、中旬采集矮慈姑成熟种子。

3.2　将采集的种子置于室内自然条件下风干、越冬，翌年 4 月份测种子发芽率并置于冰箱 4℃条件下保存，每隔 1 个月定期检测种子发芽率。

3.3　实验用种子 2 年更换 1 次。

3.4　保存种子编号，注明名称、采集时间、发芽率，种子间谨防混杂。

4　栽培与管理

4.1　用具：口径 9.5cm、深 8cm 花盆等，不锈钢盆等底盘，试验架等。

4.2　土壤：试验用土为未用药地块收集的试验专用土，土壤类型以壤土为优，花肥拌沙混用。

4.3　装土：将土壤装至花盆的 3/4。

4.4　浸土：将花盆置于盛有 5cm 深水的大不锈钢盆内，水从花盆底部向上渗透，使土壤完全湿润。

4.5　播种：将花盆取出置于小不锈钢盆内，将矮慈姑种子均匀撒播于花盆内，保证每盆 20 粒种子。

4.6　覆土：种子上覆 0.8cm 左右厚混沙细土。

4.7　培育：置于温室培养，温室中温度保持在 20～35℃。

4.8　浇水：从花盆底部加水，使土壤保持湿润，含水量在 25%～35%。

4.9　待矮慈姑长至适龄即可用作试验处理，茎叶处理的试材在处理前需要定植。

SOP-SC-3032 泽泻

Pesticide Bioassay Testing SOP for Water Plantain

1 适用范围

本规范适用于杂草泽泻［*Alisma orientale*（Sam.）Juzepcz］的种子采集、保存与培养。

2 分类地位及生物学特性

泽泻［*Alisma orientale*（Sam.）Juzepcz］，英文名 water plantain。属于泽泻科（Alismataceae）泽泻属（*Alisma* L.）。为多年生草本。种子繁殖。秋熟杂草。6～8 月开花，8 月果实渐次成熟。喜温暖气候，耐寒，但不耐干旱，幼苗喜荫蔽，成株喜阳光；宜土层深厚，富含腐殖质；种子萌发从 10℃开始，最适温度为 20～30℃。埋入土壤深层未发芽的种子可存活 4～5 年。

广布全国，主要产区四川、福建。生于沼泽地，在山区或高原水田中常见。野生或栽培。

3 种子管理

3.1 每年 8 月的中、下旬采集泽泻成熟种子。

3.2 将采集的种子置于室内自然条件下风干、越冬，翌年 4 月份测种子发芽率并置于冰箱中 4℃条件下保存，每隔 1 个月定期检测种子发芽率。

3.3 实验用种子 2 年更换 1 次。

3.4 保存种子编号，注明名称、采集时间、发芽率，种子间谨防混杂。

4 栽培与管理

4.1 用具：口径 9.5cm、深 8cm 花盆等，不锈钢盆等底盘，试验架等。

4.2 土壤：试验用土为未用药地块收集的试验专用土，土壤类型以壤土为优，花肥拌沙混用。

4.3 装土：将土壤装至花盆的 3/4。

4.4 浸土：将花盆置于盛有 5cm 深水的大不锈钢盆内，水从花盆底部向上渗透，使土壤完全湿润。

4.5 播种：将花盆取出置于小不锈钢盆内，将泽泻种子均匀撒播于花盆内，保证每盆 20 粒种子。

4.6 覆土：种子上覆 1cm 左右厚混沙细土。

4.7 培育：置于温室培养，温室中温度保持在 20～35℃。

4.8 浇水：从花盆底部加水，使土壤保持湿润，含水量在 20%～30%。

4.9 待泽泻长至适龄即可用作试验处理，茎叶处理的试材在处理前需要定植。

SOP-SC-3033 苘麻

Pesticide Bioassay Testing SOP for Velvetleaf

1 适用范围

本规范适用于杂草苘麻（*Abutilon theophrasti* Medic.）的种子采集、保存与培养。

2 分类地位及生物学特性

苘麻（*Abutilon theophrasti* Medic.），英文名 velvetleaf。属于锦葵科（Malvaceae）苘麻属（*Abutilon* Mill.）。为一年生草本。种子繁殖。秋熟杂草。4～5 月出苗，7 月现蕾开花，8 月果实渐次成熟，晚秋全株死亡。种子发芽适宜温度为 15～30℃；适宜土层深度在 1～5cm；对土壤含水量要求不严。

广布全国。常见于农田、荒地或路旁。对棉花、豆类、禾谷类、瓜类、油菜、甜菜、蔬菜、果树作物有危害。

3 种子管理

3.1 每年 9 月的上、中旬采集苘麻成熟种子。

3.2 将采集的种子置于室内自然条件下风干、越冬，翌年 4 月份测种子发芽率并置于冰箱 4℃条件下保存，每隔 1 个月定期检测种子发芽率。

3.3 实验用种子 2 年更换 1 次。

3.4 保存种子编号，注明名称、采集时间、发芽率，种子间谨防混杂。

4 栽培与管理

4.1 用具：口径 9.5cm、深 8cm 花盆等，不锈钢盆等底盘，试验架等。

4.2 土壤：试验用土为未用药地块收集的试验专用土，土壤类型以壤土为优，花肥拌沙混用。

4.3 装土：将土壤装至花盆的 3/4。

4.4 浸土：将花盆置于盛有 5cm 深水的大不锈钢盆内，水从花盆底部渗透，使土壤完全湿润。

4.5 播种：将花盆取出置于小不锈钢盆内，将苘麻种子均匀撒播于花盆内，保证每盆 20 粒种子。

4.6 覆土：种子上覆 0.8cm 左右厚混沙细土。

4.7 培育：置于温室培养，温室中温度保持在 15～30℃。

4.8 浇水：从花盆底部加水，使土壤保持湿润，含水量在 25%～35%。

4.9 待苘麻长至适龄即可用作试验处理，茎叶处理的试材在处理前需要定植。

SOP-SC-3034 红蓼

Pesticide Bioassay Testing SOP for Prince's-feather

1 适用范围

本规范适用于杂草红蓼（*Polygonum orientale* L.）的种子采集、保存与培养。

2 分类地位及生物学特性

红蓼（*Polygonum orientale* L.）又名红草、东方蓼、水红花、大蓼、天蓼，英文名 prince's-feather。属于蓼科（Polygonaceae）蓼属（*Polygonum* L.）。为一年生草本。种子繁殖。秋熟杂草。花果期 6～9 月，种子发芽的最低温度为 10℃，最适温度 20～30℃，最高 40℃；适宜土层深度在 0～3cm。

广布于全国各地；朝鲜、日本、前苏联、印度经中南半岛及马来西亚至澳大利亚均有分布。生于沟边路旁或河滩湿地，往往成片生长。为常见的秋收作物杂草，危害棉花、豆类、甘蔗、水稻等作物，危害轻。

3 种子管理

3.1 每年 9 月的上、中旬采集红蓼成熟种子。

3.2 将采集的种子置于室内自然条件下风干、越冬，翌年 4 月份测种子发芽率并置于冰箱 4℃条件下保存，每隔 1 个月定期检测种子发芽率。

3.3 实验用种子 2 年更换 1 次。

3.4 保存种子编号，注明名称、采集时间、发芽率，种子间谨防混杂。

4 栽培与管理

4.1 用具：口径 9.5cm、深 8cm 花盆等，不锈钢盆等底盘，试验架等。

4.2 土壤：试验用土为未用药地块收集的试验专用土，土壤类型以壤土为优，花肥拌沙混用。

4.3 装土：将土壤装至花盆的 3/4。

4.4 浸土：将花盆置于盛有 5cm 深水的大不锈钢盆内，水从花盆底部向上渗透，使土壤完全湿润。

4.5 播种：将花盆取出置于小不锈钢盆内，将红蓼种子均匀撒播于花盆内，保证每盆 20～30 粒种子。

4.6 覆土：种子上覆 0.5cm 左右厚混沙细土。

4.7 培育：置于温室培养，温室中温度保持在 10～20℃。

4.8 浇水：从花盆底部加水，使土壤保持湿润，含水量在 20%～35%。

4.9 待红蓼长至适龄即可用作试验处理，茎叶处理的试材在处理前需要定植。

SOP-SC-3035 水蓼

Pesticide Bioassay Testing SOP for Marshpepper Smartweed

1 适用范围

本规范适用于杂草水蓼（*Polygonum hydropiper* L.）的种子采集、保存与培养。

2 分类地位及生物学特性

水蓼（*Polygonum hydropiper* L.），又名辣蓼，英文名 marshpepper smartweed。属于蓼科（Polygonaceae）蓼属（*Polygonum* L.）。为一年生草本。种子繁殖。秋熟杂草。花果期 6～10 月。种子发芽最低温度 14℃，最适温度 19℃，最高温度为 22℃。出土早晚和多少与土层深度和土壤含水量相关，通常在 3～7cm 土层中的种子出苗最早、最多，在 0～3cm 土层中的出苗次之，在 7～10cm 土层中的出苗最晚、最少。

广布于北半球的温带及亚热带；朝鲜、日本、印度尼西亚、印度、欧洲及北美等也有。常生于水边和路旁湿地，为常见的夏收作物田、水稻田及路埂杂草，对麦类、油菜有轻度危害。

3 种子管理

3.1 每年 10～11 月的中旬分批采集水蓼成熟种子。

3.2 将采集的种子置于室内自然条件下风干，拌消毒土后一起装入沙网袋内并埋入 13～15cm 土层下进行层积处理，翌年 2 月取出，洗净晾干后测种子发芽率并置于冰箱 4℃条件下保存，每隔 1 个月定期检测种子发芽率。

3.3 实验用种子 2 年更换 1 次。

3.4 保存种子编号，注明名称、采集时间、发芽率，种子间谨防混杂。

4 栽培与管理

4.1 用具：口径 9.5cm、深 8cm 花盆等，不锈钢盆等底盘，试验架等。

4.2 土壤：试验用土为未用药地块收集的试验专用土，土壤类型以壤土为优，花肥拌沙混用。

4.3 装土：将土壤装至花盆的 3/4。

4.4 浸土：将花盆置于盛有 5cm 深水的大不锈钢盆内，水从花盆底部向上渗透，使土壤完全湿润。

4.5 播种：将花盆取出置于不锈钢盆内，将水蓼种子均匀撒播于花盆内，保证每盆 20～30 粒种子。

4.6 覆土：种子上覆 0.5cm 左右厚混沙细土。

4.7 培育：置于温室培养，温室中温度保持在 15～25℃，空气湿度 50%以上。

4.8 浇水：从花盆底部加水，使土壤保持湿润，含水量在 20%～30%。

4.9 待水蓼长至适龄即可用作试验处理，茎叶处理的试材在处理前需要定植。

SOP-SC-3036 春蓼

Pesticide Bioassay Testing SOP for Ladysthumb

1 适用范围

本规范适用于杂草春蓼（*Polygonum persicaria* L.）的种子采集、保存与培养。

2 分类地位及生物学特性

春蓼（*Polygonum persicaria* L.）又名桃叶蓼，英文名 ladysthumb。属于蓼科（Polygonaceae）蓼属（*Polygonum* L.）。为一年生草本。种子繁殖。秋熟杂草。花果期 6～10 月。种子发芽最低温度 14℃，最适温度 19℃，最高温度为 22℃。出土早晚和多少与土层深度和土壤含水量相关，通常在 3～7cm 土层中的种子出苗最早、最多，在 0～3cm 土层中的出苗次之，在 7～10cm 土层中的出苗最晚、最少。

广布于北半球的温带及亚热带；朝鲜、日本、印度尼西亚、印度、欧洲及北美等也有。常生于水边和路旁湿地，为常见的夏收作物田、水稻田及路埂杂草，对麦类、油菜有轻度危害。

3 种子管理

3.1 每年 10～11 月的中旬分批采集水蓼成熟种子。

3.2 将采集的种子置于室内自然条件下风干，拌消毒土后一起装入沙网袋内并埋入 13～15cm 土层下进行层积处理，翌年 2 月取出，洗净晾干后测种子发芽率并置于冰箱 4℃ 条件下保存，每隔 1 个月定期检测种子发芽率。

3.3 实验用种子 2 年更换 1 次。

3.4 保存种子编号，注明名称、采集时间、发芽率，种子间谨防混杂。

4 栽培与管理

4.1 用具：口径 9.5cm、深 8cm 花盆等，不锈钢盆等底盘，试验架等。

4.2 土壤：试验用土为未用药地块收集的试验专用土，土壤类型以壤土为优，花肥拌沙混用。

4.3 装土：将土壤装至花盆的 3/4。

4.4 浸土：将花盆置于盛有 5cm 深水的大不锈钢盆内，水从花盆底部向上渗透，使土壤完全湿润。

4.5 播种：将花盆取出置于不锈钢盆内，将春蓼种子均匀撒播于花盆内，每盆 20～30 粒种子。

4.6 覆土：种子上覆 0.5cm 左右厚混沙细土。

4.7 培育：置于温室培养，温室中温度保持在 15～35℃，空气湿度 50%以上。

4.8 浇水：从花盆底部加水，使土壤保持湿润，含水量在 20%～30%。

4.9 待春蓼长至适龄即可用作试验处理，茎叶处理的试材在处理前需要定植。

SOP-SC-3037 酸模叶蓼

Pesticide Bioassay Testing SOP for Dockleaved Knotweed

1 适用范围

本规范适用于杂草酸模叶蓼（*Polygonum lapathifolium* L.）的种子采集、保存与培养。

2 分类地位及生物学特性

酸模叶蓼（*Polygonum lapathifolium* L.），又名大马蓼、旱苗蓼、斑蓼、柳叶蓼，英文名 dockleaved knotweed。属于蓼科（Polygonaceae）蓼属（*Polygonum* L.）。为一年生草本。种子繁殖。夏秋熟杂草。多次开花结实，东北及黄河流域4～5月出苗，花果期在7～9月。在长江流域及以南地区的夏收作物田，9月至翌年春出苗，4～5月花果期，先于作物果实成熟。种子发芽的适宜温度为10～20℃；适宜的土壤含水量为40%～45%；适宜土层深度为0～3cm，尤以0～2cm出苗率最高。

广布于全国各地；朝鲜、日本、印度、前苏联、北美及太平洋沿岸也有分布。生长在路旁湿地、沟渠水边及豆类、水稻田、麦田、油菜田等地。在东北、河北、山西、河南及长江中下游地区水旱轮作或土壤湿度较大的油菜或小麦田有轻度危害；在广东、福建、广西等水旱轮作的油菜或小麦田为主要杂草，危害较重。

3 种子管理

3.1 每年5月中旬或9月中旬采集酸模叶蓼成熟种子。

3.2 将采集的种子置于室内自然条件下风干，7月份测种子发芽率并置于冰箱4℃条件下保存，每隔1个月定期检测种子发芽率。

3.3 实验用种子2年更换1次。

3.4 保存种子编号，注明名称、采集时间、发芽率，种子间谨防混杂。

4 栽培方法

4.1 用具：口径9.5cm、深8cm花盆等，不锈钢盆等底盘，试验架等。

4.2 土壤：试验用土为未用药地块收集的试验专用土，土壤类型以壤土为优，花肥拌沙混用。

4.3 装土：将土装至花盆的3/4。

4.4 浸土：将花盆置于盛有5cm深水的大不锈钢盆内，水从花盆底部向上渗透，使土壤完全湿润。

4.5 播种：将花盆取出置于不锈钢盆内，将酸模叶蓼种子均匀撒播于花盆内，保证每盆20～30粒种子。

4.6 覆土：种子上覆0.5cm左右厚混沙细土。

4.7 培育：置于温室培养，温室中温度保持在10～25℃。

4.8 浇水：从花盆底部加水，使土壤保持湿润，含水量在20%～30%。

4.9 待酸模叶蓼长至适龄即可用作试验处理，茎叶处理的试材在处理前需要定植。

SOP-SC-3038 浮萍

Pesticide Bioassay Testing SOP for Duckweed

1 适用范围

本规范适用于杂草浮萍（*Lemna minor* L.）的种子采集、保存与培养。

2 分类地位及生物学特性

浮萍（*Lemna minor* L.）又名青萍，英文名 duckweed。属于浮萍科（Lemnaceae）浮萍属（*Lemna* L.）。为浮水植物，以芽进行无性繁殖。花期 6～7 月，一般不常开花。

全国各地均有，分布几乎遍及全世界温暖地区，但不见于印度尼西亚、爪哇。生于水田、池沼或其他静水水域，常与紫萍混生，形成密布水面的漂浮群落，为稻田、水生蔬菜田常见杂草。

3 种子管理

3.1 浮萍培养基配方

七水硫酸镁：0.62g/L	二水氯化钙：0.54g/L
硝酸钾：0.4g/L	磷酸二氢钾：0.2g/L
四水氯化锰：0.47mg/L	六水氯化钴：25μg/L
二水钼酸钠：0.12mg/L	七水硫酸锌：50μg/L
五水硫酸铜：25μg/L	

将培养液 pH 值调至 5.5，110℃下高压灭菌 30min，通过一个无菌过滤器向培养液中加入 7.3%的无菌 NaFe-EDTA（乙二胺四乙酸）100μL/L 培养液。

3.2 保种

将青萍（*Lemna paneicostata* Hegelmaier）的植株在 2%的次氯酸钠水溶液中清洗2～5min，再将植株在无菌水中清洗 3 次，放在贮存培养液（在 3.1 培养液中加 10g/L 的蔗糖）中培养留种备用。

3.3 青萍植株预培养

在试验前，将备用种无菌操作转瓶培养，移接到新鲜无菌的培养基中培养，接种到含 50mL 培养基的 250mL 锥形瓶中，用 4 层无菌纱布封口，在温度 25℃、光照度 5000lx、持续光照和 100r/min 旋转振荡的条件下预培养 7d，使植株快速生长和繁殖，并依此连续接种 3 次使青萍植株保持生长一致后，便可供试验使用。

SOP-SC-3039 紫萍

Pesticide Bioassay Testing SOP for Ducksmeat

1 适用范围

本规范适用于杂草紫萍［*Spirodela polyrhiza*（L.）Schleid.］的种子采集、保存与培养。

2 分类地位及生物学特性

紫萍［*Spirodela polyrhiza*（L.）Schleid.］，又名水萍、紫背浮萍，英文名ducksmeat。属于浮萍科（Lemnaceae）紫萍属（*Spirodela* Schleid.）。为一年生浮水草本。以芽繁殖。花期6～7月，很少开花。

全国广泛分布；全世界温带及热带地区广为分布。生于水田、浅水池沼、水沟，常与浮萍混生，为稻田、水生蔬菜田常见杂草。

3 种子管理

3.1 紫萍培养基配方

七水硫酸镁：0.62g/L	二水氯化钙：0.54g/L
硝酸钾：0.4g/L	磷酸二氢钾：0.2g/L
四水氯化锰：0.47mg/L	六水氯化钴：25μg/L
二水钼酸钠：0.12mg/L	七水硫酸锌：50μg/L
五水硫酸铜：25μg/L	

将培养液pH值调至5.5，110℃下高压灭菌30min，通过一个无菌过滤器向培养液中加入7.3%的无菌NaFe-EDTA（乙二胺四乙酸）100μL/L培养液。

3.2 保种

将紫萍的植株在2%的次氯酸钠水溶液中清洗2～5min，再将植株在无菌水中清洗3次，放在贮存培养液（在3.1培养液中加10g/L的蔗糖）中培养留种备用。

3.3 紫萍植株预培养

在试验前，将备用种无菌操作转瓶培养，移接到新鲜无菌的培养基中培养，接种到含50mL培养基的250mL锥形瓶中，用4层无菌纱布封口，在温度25℃、光照度5000lx、持续光照和100r/min旋转振荡的条件下预培养7d，使植株快速生长和繁殖，并依此连续接种3次使紫萍植株保持生长一致后，便可供试验使用。

SOP SC 3040 扁蓄

Pesticide Bioassay Testing SOP for Knotweed

1 适用范围

本规范适用于杂草扁蓄（*Polygonum aviculare* L.）的种子采集、保存与培养。

2 分类地位及生物学特性

扁蓄（*Polygonum aviculare* L.），又名鸟蓼、地蓼、扁竹、猪牙菜，英文名knotweed。属于蓼科（Polygonaceae）蓼属（*Polygonum* L.）。为一年生草本。种子繁殖。夏秋熟杂草。2～4月出苗，花果期5～9月。种子发芽适宜温度为15～30℃，适宜土层深度在5cm以内，对土壤含水量要求不严。

广泛分布于全国各地。生于荒地、路旁或水边湿地，喜湿润，在轻度盐碱地亦能生长。主要危害麦类、蔬菜、果树等作物，棉花、豆类等作物田间亦有生长，但数量不多，危害不重。

3 种子管理

3.1 每年9月的中、下旬分批采集扁蓄成熟种子。

3.2 将采集的种子置于室内自然条件下风干、越冬，翌年4月份测种子发芽率并置于冰箱4℃条件下保存，每隔1个月定期检测种子发芽率。

3.3 实验用种子2年更换1次。

3.4 保存种子编号，注明名称、采集时间、发芽率，种子间谨防混杂。

4 栽培与管理

4.1 用具：口径9.5cm、深8cm花盆等，不锈钢盆等底盘，试验架等。

4.2 土壤：试验用土为未用药地块收集的试验专用土，土壤类型以壤土为优，花肥拌沙混用。

4.3 装土：将土壤装至花盆的3/4。

4.4 浸土：将花盆置于盛有5cm深水的大不锈钢盆内，水从花盆底部向上渗透，使土壤完全湿润。

4.5 播种：将花盆取出置于不锈钢盆内，将扁蓄种子均匀撒播于花盆内，保证每盆20粒种子。

4.6 覆土：种子上覆0.5cm左右厚混沙细土。

4.7 培育：置于温室培养，温室中温度保持在15～35℃。

4.8 浇水：从花盆底部加水，使土壤保持湿润，含水量在20%～30%。

4.9 待扁蓄长至适龄即可用作试验处理，茎叶处理的试材在处理前需要定植。

SOP-SC-3041 鬼针草

Pesticide Bioassay Testing SOP for Spanishneedles

1 适用范围

本规范适用于杂草鬼针草（*Bidens bipinnata* L.）的种子采集、保存与培养。

2 分类地位及生物学特性

鬼针草（*Bidens bipinnata* L.），又名婆婆针，英文名 spanishneedles。属于菊科（Compositae）鬼针草属（*Bidens* L.）。为一年生草本。种子繁殖。夏秋熟杂草。春季萌发，花果期 8～10 月。种子发芽适宜温度为 15～30℃，适宜土层深度在 5cm 以内，生活力极强。

广泛分布于全国各地；也广布于亚洲、欧洲、北美及大洋洲。生于路边、荒地、山坡及水沟边；主要于果园、桑园及茶园中危害，稀少侵入农田及菜地，但发生量小、危害轻，是常见的杂草。

3 种子管理

3.1 每年 9 月的中、下旬分批采集婆婆针成熟种子。

3.2 将采集的种子置于室内自然条件下风干、越冬，翌年 4 月份测种子发芽率并置于冰箱 4℃条件下保存，每隔 1 个月定期检测种子发芽率。

3.3 实验用种子 2 年更换 1 次。

3.4 保存种子编号，注明名称、采集时间、发芽率，种子间谨防混杂。

4 栽培与管理

4.1 用具：口径 9.5cm、深 8cm 花盆等，不锈钢盆等底盘，试验架等。

4.2 土壤：试验用土为未用药地块收集的试验专用土，土壤类型以壤土为优，花肥拌沙混用。

4.3 装土：将土壤装至花盆的 3/4。

4.4 浸土：将花盆置于盛有 5cm 深水的大不锈钢盆内，水从花盆底部向上渗透，使土壤完全湿润。

4.5 播种：将花盆取出置于不锈钢盆内，将鬼针草种子均匀撒播于花盆内，保证每盆 20 粒种子。

4.6 覆土：种子上覆 0.5cm 左右厚混沙细土。

4.7 培育：置于温室培养，温室中温度保持在 15～35℃。

4.8 浇水：从花盆底部加水，使土壤保持湿润，含水量在 20%～30%。

4.9 待鬼针草长至适龄即可用作试验处理，茎叶处理的试材在处理前需要定植。

SOP-SC-3042 狼把草

Pesticide Bioassay Testing SOP for Bur Beggarticks

1 适用范围

本规范适用于杂草狼把草（*Bidens tripartita* L.）的种子采集、保存与培养。

2 分类地位及生物学特性

狼把草（*Bidens tripartita* L.），英文名 bur beggartick。属于菊科（Compositae）鬼针草属（*Bidens* L.）。为一年生草本。种子繁殖，常以芒刺钩附于动物体或漂浮于水面而传播。夏秋熟杂草。华北地区，5～6 月出苗，花果期 8～10 月。种子发芽适宜温度为 15～30℃，适宜土层深度在 5cm 以内。

广泛分布于全国各地；亚洲、欧洲、非洲北部及大洋洲也有。适生于低湿地，生长于水边或潮湿的土壤中；在水稻田或田边常见，主要危害水稻，但发生量小，危害轻，是常见杂草。

3 种子管理

3.1 每年 9 月的中、下旬分批采集狼把草成熟种子。

3.2 将采集的种子置于室内自然条件下风干、越冬，翌年 4 月份测种子发芽率并置于冰箱 4℃条件下保存，每隔 1 个月定期检测种子发芽率。

3.3 实验用种子 2 年更换 1 次。

3.4 保存种子编号，注明名称、采集时间、发芽率，种子间谨防混杂。

4 栽培与管理

4.1 用具：口径 9.5cm、深 8cm 花盆等，不锈钢盆等底盘，试验架等。

4.2 土壤：试验用土为未用药地块收集的试验专用土，土壤类型以壤土为优，花肥拌沙混用。

4.3 装土：将土壤装至花盆的 3/4。

4.4 浸土：将花盆置于盛有 5cm 深水的大不锈钢盆内，水从花盆底部向上渗透，使土壤完全湿润。

4.5 播种：将花盆取出置于不锈钢盆内，将狼把草种子均匀撒播于花盆内，保证每盆 20 粒种子。

4.6 覆土：种子上覆 0.5cm 左右厚混沙细土。

4.7 培育：置于温室培养，温室中温度保持在 15～35℃。

4.8 浇水：从花盆底部加水，使土壤保持湿润，含水量在 20%～30%。

4.9 待狼把草长至适龄即可用作试验处理，茎叶处理的试材在处理前需要定植。

SOP-SC-3043 豚草

Pesticide Bioassay Testing SOP for Ragweed

1　适用范围

本规范适用于杂草豚草（*Ambrosia artemisiifolia* L.）的种子采集、保存与培养。

2　分类地位及生物学特性

豚草（*Ambrosia artemisiifolia* L.），英文名 ragweed。属于菊科（Compositae）豚草属（*Ambrosia* L.）。为一年生草本。种子繁殖。秋熟杂草。4～5 月出苗，7 月现蕾开花，8 月果实渐次成熟。种子经越冬休眠后萌发。种子发芽适宜温度为 20～30℃；适宜土层深度在 2～5cm，埋入土壤深层未发芽的种子可存活 4～5 年；对土壤含水量要求不严。

广布全国。生于荒地、路旁、湖畔或农田中。部分农田、果园、苗圃常见。不仅危害农作物，也是人类花粉过敏症的致敏源，是世界性的公害杂草。分布于吉林、辽宁和长江流域一带；近年来北京、河北、河南等地亦有发现，有扩大蔓延的趋势。

3　种子管理

3.1　每年 9 月的中、下旬采集豚草成熟种子。

3.2　将采集的种子置于室内自然条件下风干、越冬，翌年 4 月份测种子发芽率并置于冰箱中 4℃条件下保存，每隔 1 个月定期检测种子发芽率。

3.3　实验用种子 2 年更换 1 次。

3.4　保存种子编号，注明名称、采集时间、发芽率，种子间谨防混杂。

4　栽培与管理

4.1　用具：口径 9.5cm、深 8cm 花盆等，不锈钢盆等底盘，试验架等。

4.2　土壤：试验用土为未用药地块收集的试验专用土，土壤类型以壤土为优，花肥拌沙混用。

4.3　装土：将土壤装至花盆的 3/4。

4.4　浸土：将花盆置于盛有 5cm 深水的大不锈钢盆内，水从花盆底部向上渗透，使土壤完全湿润。

4.5　播种：将花盆取出置于小不锈钢盆内，将豚草种子均匀撒播于花盆内，保证每盆 20 粒种子。

4.6　覆土：种子上覆 1cm 左右厚混沙细土。

4.7　培育：置于温室培养，温室中温度保持在 15～35℃。

4.8　浇水：从花盆底部加水，使土壤保持湿润，含水量在 20%～30%。

4.9　待豚草长至适龄即可用作试验处理，茎叶处理的试材在处理前需要定植。

SOP-SC-3044 苍耳

Pesticide Bioassay Testing SOP for Siberian Cocklebur

1 适用范围

本规范适用于杂草苍耳（*Xanthium sibiricum* Patrin）的种子采集、保存与培养。

2 分类地位及生物学特性

苍耳（*Xanthium sibiricum* Patrin），英文名 siberian cocklebur。属于菊科（Compositae）苍耳属（*Xanthium* L.）。为一年生草本，粗壮，生活力强。种子繁殖。秋熟杂草。4～5月出苗，7月现蕾开花，8月果实渐次成熟，动物传播。种子发芽适宜温度为15～30℃；适宜土层深度在1～5cm。

广布全国；朝鲜、日本、俄罗斯、伊朗、印度也有。适生稍潮湿的环境，为广布的旱地杂草，多生于旱作物田间、果园、路旁、荒地、低丘等地；主要危害果树、棉花、玉米、豆类、谷子、马铃薯等作物，在田间多为单生，在果园、荒地多成群生长；局部地区危害严重。是棉蚜、棉金刚钻、棉铃虫和向日葵菌核病等的寄主。

3 种子管理

3.1 每年8月的上、中旬采集苍耳成熟种子。

3.2 将采集的种子置于室内自然条件下风干、越冬，翌年4月份测种子发芽率并置于冰箱4℃条件下保存，每隔1个月定期检测种子发芽率。

3.3 实验用种子3年更换1次。

3.4 保存种子编号，注明名称、采集时间、发芽率，种子间谨防混杂。

4 栽培与管理

4.1 用具：口径9.5cm、深8cm花盆等，不锈钢盆等底盘，试验架等。

4.2 土壤：试验用土为未用药地块收集的试验专用土，土壤类型以壤土为优，花肥拌沙混用。

4.3 装土：将土壤装至花盆的3/4。

4.4 浸土：将花盆置于盛有5cm深水的大不锈钢盆内，水从花盆底部向上渗透，使土壤完全湿润。

4.5 播种：将花盆取出置于小不锈钢盆内，将苍耳种子均匀撒播于花盆内，保证每盆20粒种子。

4.6 覆土：种子上覆1cm左右厚混沙细土。

4.7 培育：置于温室培养，温室中温度保持在15～35℃。

4.8 浇水：从花盆底部加水，使土壤保持湿润，含水量在20%～30%。

4.9 待苍耳长至适龄即可用作试验处理，茎叶处理的试材在处理前需要定植。

SOP-SC-3045 龙葵

Pesticide Bioassay Testing SOP for Black Nightshade

1 适用范围

本规范适用于杂草龙葵（*Solanum nigrum* L.）的种子采集、保存与培养。

2 分类地位及生物学特性

龙葵（*Solanum nigrum* L.），英文名 black nightshade。属于茄科（Solanaceae）茄属（*Solanum* L.）。为一年生草本。种子繁殖。秋熟杂草。种子发芽最低温度 14℃，最适温度 19℃，最高温度为 22℃。出土早晚和多少与土层深度和土壤含水量相关，通常在 3～7cm 土层中的种子出苗最早、最多，在 0～3cm 土层中的出苗次之，在 7～10cm 土层中的出苗最晚、最少。在我国北方，4～6 月出苗，7～9 月现蕾、开花、结果。当年种子一般不萌发，经越冬休眠后才发芽出苗。

分布于全国各地。生于农田、荒地、路旁等处。主要危害谷子、糜子、玉米、高粱、棉花、豆类、花生、薯类和果树及苗木等。

3 种子管理

3.1 每年 10 月的上、中旬分批采集龙葵成熟种子。

3.2 将采集的种子置于室内自然条件下风干，拌消毒土后一起装入沙网袋内并埋入 13～15cm 土层下进行层积处理，翌年 2 月取出，洗净晾干后测种子发芽率并置于冰箱 4℃ 条件下保存，每隔 1 个月定期检测种子发芽率。

3.3 实验用种子 2 年更换 1 次。

3.4 保存种子编号，注明名称、采集时间、发芽率，种子间谨防混杂。

4 栽培与管理

4.1 用具：口径 9.5cm、深 8cm 花盆等，不锈钢盆等底盘，试验架等。

4.2 土壤：试验用土为未用药地块收集的试验专用土，土壤类型以壤土为优，花肥拌沙混用。

4.3 装土：将土壤装至花盆的 3/4。

4.4 浸土：将花盆置于盛有 5cm 深水的大不锈钢盆内，水从花盆底部渗透，使土壤完全湿润。

4.5 播种：将花盆取出置于不锈钢盆内，将龙葵种子均匀播于花盆内，保证每盆 20～30 粒种子。

4.6 覆土：种子上覆 0.5cm 左右厚混沙细土。

4.7 培育：置于温室培养，温室中温度保持在 15～35℃，空气湿度 50%以上。

4.8 浇水：从花盆底部加水，使土壤保持湿润，含水量在 20%～30%。

4.9 待龙葵长至适龄即可用作试验处理，茎叶处理的试材在处理前需要定植。

SOP-SC-3046 曼陀罗

Pesticide Bioassay Testing SOP for Jimsonweed

1 适用范围

本规范适用于杂草曼陀罗（*Datura stramonium* L.）的种子采集、保存与培养。

2 分类地位及生物学特性

曼陀罗（*Datura stramonium* L.），英文名 jimsonweed。属于茄科（Solanaceae）曼陀罗属（*Datura* L.）。为一年生草本。种子繁殖。秋熟杂草。花果期 3～12 月。种子发芽最低温度 14℃，最适温度 19℃，最高温度为 22℃。出土早晚和多少与土层深度和土壤含水量相关，通常在 3～7cm 土层中的种子出苗最早、最多，在 0～3cm 土层中的出苗次之，在7～10cm 土层中的出苗最晚、最少。在我国北方，4～6 月出苗，7～9 月现蕾、开花、结果。当年种子一般不萌发，经越冬休眠后才发芽出苗。

原产印度，我国各地有栽培或野生，现广布世界温暖地区。生于荒地及路边，菜地、庭院边亦有生长，为路埂一般性杂草，发生量较小，危害轻。

3 种子管理

3.1 每年 10 月的上、中旬分批采集曼陀罗成熟种子。

3.2 将采集的种子置于室内自然条件下风干，拌消毒土后一起装入沙网内并埋入 13～15cm 土层下进行层积处理，翌年 2 月取出，洗净晾干后测种子发芽率并置于冰箱 4℃条件下保存，每隔 1 个月定期检测种子发芽率。

3.3 实验用种子 2 年更换 1 次。

3.4 保存种子编号，注明名称、采集时间、发芽率，种子间谨防混杂。

4 栽培与管理

4.1 用具：口径 9.5cm、深 8cm 花盆等，不锈钢盆等底盘，试验架等。

4.2 土壤：试验用土为未用药地块收集的试验专用土，土壤类型以壤土为优，花肥拌沙混用。

4.3 装土：将土壤装至花盆的 3/4。

4.4 浸土：将花盆置于盛有 5cm 深水的大不锈钢盆内，水从花盆底部向上渗透，使土壤湿润。

4.5 播种：将花盆取出置于不锈钢盆内，将曼陀罗种子均匀撒播于花盆内，每盆 20～30 粒种子。

4.6 覆土：种子上覆 0.5cm 左右厚混沙细土。

4.7 培育：置于温室培养，温室中温度保持在 10～20℃，空气湿度 50%以上。

4.8 浇水：从花盆底部加水，使土壤保持湿润，含水量在 20%～30%。

4.9 待曼陀罗长至适龄即可用作试验处理，茎叶处理的试材在处理前需要定值。

SOP-SC-3047 田旋花

Pesticide Bioassay Testing SOP for Field Bindweed

1　适用范围

本规范适用于杂草田旋花（*Convolvulus arvensis* L.）的种子采集、保存与培养。

2　分类地位及生物学特性

多年生缠绕草本，有横生的地下根状茎，深达 30～50（100）cm。地下茎及种子繁殖。秋熟杂草。花期 5～8 月，果期 6～9 月。种子发芽的最低温度为 10℃，最适温度 20～30℃，最高温度 40℃；适宜土层深度在 0～3cm。秋季近地面处的根茎产生越冬芽，翌年长出新植株，萌生苗与实生苗相似，但比实生苗萌发早，铲断的具节的地下茎亦能发生新株。

分布于东北、华北、西北、四川、西藏等省区；其他热带和亚热带地区也有。近年来华北、西北地区危害严重，已成为难防除杂草之一。为旱作物地常见杂草，荒地、路旁亦极常见，常成片生长。主要危害小麦、棉花、豆类、蔬菜、玉米、果树等作物。

3　种子管理

3.1　每年 9 月的上、中旬采集田旋花成熟种子。

3.2　将采集的种子置于室内自然条件下风干、越冬，翌年 4 月份测种子发芽率并置于冰箱 4℃条件下保存，每隔 1 个月定期检测种子发芽率。

3.3　实验用种子 2 年更换 1 次。

3.4　保存种子编号，注明名称、采集时间、发芽率，种子间谨防混杂。

4　栽培与管理

4.1　用具：口径 9.5cm、深 8cm 花盆等，不锈钢盆等底盘，试验架等。

4.2　土壤：试验用土为未用药地块收集的试验专用土，土壤类型以壤土为优，花肥拌沙混用。

4.3　装土：将土壤装至花盆的 3/4。

4.4　浸土：将花盆置于盛有 5cm 深水的大不锈钢盆内，水从花盆底部渗透，使土壤完全湿润。

4.5　播种：将花盆取出置于小不锈钢盆内，将田旋花种子均匀撒播于花盆内，保证每盆 20～30 粒种子。

4.6　覆土：种子上覆 0.5cm 左右厚混沙细土。

4.7　培育：置于温室培养，温室中温度保持在 15～35℃。

4.8　浇水：从花盆底部加水，使土壤保持湿润，含水量在 20%～35%。

4.9　待田旋花长至适龄即可用作试验处理，茎叶处理的试材在处理前需要定植。

SOP-SC-3048 藜

Pesticide Bioassay Testing SOP for Lambsquarters

1 适用范围

本规范适用于杂草藜（*Chenopodium acuminatum* Willd.）的种子采集、保存与培养。

2 分类地位及生物学特性

藜（*Chenopodium acuminatum* Willd.），英文名 lambsquarters。属于藜科（Chenopodiaceae）藜属（*Chenopodium* L.）。为一年生草本。种子繁殖。秋熟杂草。种子发芽的最低温度为 10℃，最适温度 20～30℃，最高温度 40℃；适宜土层深度在 0～3cm。在华北与东北地区，3～5 月出苗，6～10 月开花、结果，随后果实渐次成熟。种子落地或借外力传播。

全国各地均有分布。生于较湿润、肥沃的农田、路边、荒地、宅旁、菜园、果园等处。主要危害棉花、豆类、薯类、蔬菜、花生、甜菜、小麦、玉米、果树等作物。

3 种子管理

3.1 每年 10 月的上、中旬采集藜成熟种子。

3.2 将采集的种子置于室内自然条件下风干、越冬，翌年 4 月份测种子发芽率并置于冰箱 4℃条件下保存，每隔 1 个月定期检测种子发芽率。

3.3 实验用种子 2 年更换 1 次。

3.4 保存种子编号，注明名称、采集时间、发芽率，种子间谨防混杂。

4 栽培与管理

4.1 用具：口径 9.5cm、深 8cm 花盆等，不锈钢盆等底盘，试验架等。

4.2 土壤：试验用土为未用药地块收集的试验专用土，土壤类型以壤土为优，花肥拌沙混用。

4.3 装土：将土壤装至花盆的 3/4。

4.4 浸土：将花盆置于盛有 5cm 深水的大不锈钢盆内，水从花盆底部向上渗透，使土壤湿润。

4.5 播种：将花盆取出置于小不锈钢盆内，将藜种子均匀撒播于花盆内，每盆 20～30 粒种子。

4.6 覆土：种子上覆 0.5cm 左右厚混沙细土。

4.7 培育：置于温室培养，温室中温度保持在 15～30℃。

4.8 浇水：从花盆底部加水，使土壤保持湿润，含水量在 20%～35%。

4.9 待藜长至适龄即可用作试验处理，茎叶处理的试材在处理前需要定植。

SOP-SC-3049 荠菜

Pesticide Bioassay Testing SOP for Shepherdspurse

1　适用范围

本规范适用于杂草荠菜［*Capsella bursa-pastoris*（L.）Medic.］的种子采集、保存与培养。

2　分类地位及生物学特性

荠菜［*Capsella bursa-pastoris*（L.）Medic.］，英文名 shepherdspurse。属于十字花科（Cruciferae）荠属（*Capsella* Medic.）。为越年生或一年生草本。种子繁殖。夏熟杂草。秋季或次年早春出苗，花果期在 3～6 月。种子发芽的适宜温度为 10～20℃；适宜的土壤含水量为 40%～45%；适宜土层深度为 0～3cm，尤以 0～2cm 出苗率最高。

生于草地、路边或阴湿处。分布几乎遍及全国，是菜地、果园、苗圃的常见杂草，部分小麦、蔬菜受害较重。

3　种子管理

3.1　每年 5 月中旬采集荠菜成熟种子。

3.2　将采集的种子置于室内自然条件下风干，翌年 4 月份测种子发芽率并置于冰箱 4℃条件下保存，每隔 1 个月定期检测种子发芽率。

3.3　实验用种子 2 年更换 1 次。

3.4　保存种子编号，注明名称、采集时间、发芽率，种子间谨防混杂。

4　栽培方法

4.1　用具：口径 9.5cm、深 8cm 花盆等，不锈钢盆等底盘，试验架等。

4.2　土壤：试验用土为未用药地块收集的试验专用土，土壤类型以壤土为优，花肥拌沙混用。

4.3　装土：将土装至花盆的 3/4。

4.4　浸土：将花盆置于盛有 5cm 深水的大不锈钢盆内，水从花盆底部向上渗透，使土壤完全湿润。

4.5　播种：将花盆取出置于不锈钢盆内，将荠菜种子均匀撒播于花盆内，保证每盆 20～30 粒种

4.6　覆土：种子上覆 0.5cm 左右厚混沙细土。

4.7　培育：置于温室培养，温室中温度保持在 10～25℃。

4.8　浇水：从花盆底部加水，使土壤保持湿润，含水量在 20%～30%。

4.9　待荠菜长至适龄即可用作试验处理，茎叶处理的试材在处理前需要定植。

SOP-SC-3050 豆茶决明

Pesticide Bioassay Testing SOP for Noname Senna

1 适用范围

本规范适用于杂草豆茶决明［*Cassia noname*（Sieb.）Kitagawa］的种子采集、保存与培养。

2 分类地位及生物学特性

豆茶决明［*Cassia nomame*（Sieb.）Kitagawa］，又名山扁豆，英文名 noname senna。属于豆科（Leguminosae）决明属（*Cassia* L.）。一年生草本。种子繁殖。秋熟杂草。花期7～8月，果期8～9月。种子发芽适宜温度为15～30℃；适宜土层深度在1～5cm；适宜的土壤含水量为40%～45%。

分布于东北、华北、华东、中南及台湾等地；朝鲜、日本也有。适生于向阳草地、山坡、河边、荒地。为苗圃、果园、幼林地常见杂草。危害不重。

3 种子管理

3.1 每年9月中旬采集豆茶决明成熟种子。

3.2 将采集的种子置于室内自然条件下风干，翌年4月份测种子发芽率并置于冰箱4℃条件下保存，每隔1个月定期检测种子发芽率。

3.3 实验用种子2年更换1次。

3.4 保存种子编号，注明名称、采集时间、发芽率，种子间谨防混杂。

4 栽培方法

4.1 用具：口径9.5cm、深8cm花盆等，不锈钢盆等底盘，试验架等。

4.2 土壤：试验用土为未用药地块收集的试验专用土，土壤类型以壤土为优，花肥拌沙混用。

4.3 装土：将土装至花盆的3/4。

4.4 浸土：将花盆置于盛有5cm深水的大不锈钢盆内，水从花盆底部向上渗透，使土壤完全湿润。

4.5 播种：将花盆取出置于不锈钢盆内，将豆茶决明种子均匀撒播于花盆内，保证每盆20～30粒种子。

4.6 覆土：种子上覆0.5cm左右厚混沙细土。

4.7 培育：置于温室培养，温室中温度保持在15～30℃。

4.8 浇水：从花盆底部加水，使土壤保持湿润，含水量在20%～30%。

4.9 待豆茶决明长至适龄即可用作试验处理，茎叶处理的试材在处理前需要定植。

SOP-SC-3051 野大豆

Pesticide Bioassay Testing SOP for Wild Soybean

1 适用范围

本规范适用于杂草野大豆（*Glycine soja* Sieb. et Zucc）的种子采集、保存与培养。

2 分类地位及生物学特性

野大豆（*Glycine soja* Sieb. et Zucc），英文名 wild soybean。属于豆科（Leguminosae）大豆属（*Glycine* L.）。为一年生草本。种子繁殖。秋熟杂草。华北地区 4～5 月出苗，花期 6～8 月，果期 7～9 月。种子发芽适宜温度为 15～30℃；适宜土层深度在 1～5cm；适宜的土壤含水量为 40%～45%。

分布于东北、华北、华东、中南及甘肃、陕西、四川等地；朝鲜、日本、前苏联也有。适生于潮湿处，如河岸、山坡草地、灌丛、沼泽地附近，也是农田杂草，以危害果、茶、竹及旱作物为主，局部地区危害较重。

3 种子管理

3.1 每年 9 月中旬采集野大豆成熟种子。

3.2 将采集的种子置于室内自然条件下风干，翌年 4 月份测种子发芽率并置于冰箱 4℃条件下保存，每隔 1 个月定期检测种子发芽率。

3.3 实验用种子 2 年更换 1 次。

3.4 保存种子编号，注明名称、采集时间、发芽率，种子间谨防混杂。

4 栽培方法

4.1 用具：口径 9.5cm、深 8cm 花盆等，不锈钢盆等底盘，试验架等。

4.2 土壤：试验用土为未用药地块收集的试验专用土，土壤类型以壤土为优，花肥拌沙混用。

4.3 装土：将土装至花盆的 3/4。

4.4 浸土：将花盆置于盛有 5cm 深水的大不锈钢盆内，水从花盆底部向上渗透，使土壤完全湿润。

4.5 播种：将花盆取出置于不锈钢盆内，将野大豆种子均匀撒播于花盆内，每盆 20～30 粒种子。

4.6 覆土：种子上覆 0.5cm 左右厚混沙细土。

4.7 培育：置于温室培养，温室中温度保持在 10～25℃。

4.8 浇水：从花盆底部加水，使土壤保持湿润，含水量在 20%～30%。

4.9 待野大豆长至适龄即可用作试验处理，茎叶处理的试材在处理前需要定植。

SOP-SC-3052 大巢菜

Pesticide Bioassay Testing SOP for Common Vetch

1 适用范围

本规范适用于杂草大巢菜（*Vicia sativa* L.）的种子采集、保存与培养。

2 分类地位及生物学特性

大巢菜（*Vicia sativa* L.），又名救荒野豌豆，英文名 common vetch 或 fodder vetch。属于豆科（Leguminosae）野豌豆属（*Vicia* L.）。为一年生或越年生草本。种子繁殖。夏熟杂草。种子发芽以 20℃、0～3cm 厚土层为最适，农田秋季或次年早春出苗，5 月后渐次成熟脱落或混杂于收获物中传播，经 3～4 个月休眠期后萌发。

生于农田、路旁或灌木林下；部分麦田、油菜田数量较多，危害较重。遍布全国各地。

3 种子管理

3.1 每年 5 月中旬采集大巢菜成熟种子。

3.2 将采集的种子置于室内自然条件下风干，拌消毒土后一起装入沙网内并埋入 13～15cm 土层下进行层积处理，7 月份取出，洗净晾干后测种子发芽率，并置于冰箱中 4℃条件下保存，每隔 1 个月定期检测种子发芽率。

3.3 实验用种子 2 年更换 1 次。

3.4 保存种子编号，注明名称、采集时间、发芽率，种子间谨防混杂。

4 栽培与管理

4.1 用具：口径 9.5cm、深 8cm 花盆等，不锈钢盆等底盘，试验架等。

4.2 土壤：试验用土为未用药地块收集的试验专用土，土壤类型以壤土为优，花肥拌沙混用。

4.3 装土：将土壤装至花盆的 3/4。

4.4 浸土：将花盆置于盛有 5cm 深水的大不锈钢盆内，水从花盆底部向上渗透，使土壤完全湿润。

4.5 播种：将花盆取出置于不锈钢盆内，将大巢菜种子均匀撒播于花盆内，每盆 20～30 粒种子。

4.6 覆土：种子上覆 0.5cm 左右厚混沙细土。

4.7 培育：置于温室培养，温室中温度保持在 10～20℃。

4.8 浇水：从花盆底部加水，使土壤保持湿润，含水量在 20%～30%。

4.9 待大巢菜长至适龄即可用作试验处理，茎叶处理的试材在处理前需要定植。

SOP-SC-3053 野西瓜

Pesticide Bioassay Testing SOP for Venus Mallow

1 适用范围

本规范适用于杂草野西瓜苗（*Hibiscus trionum* L.）的种子采集、保存与培养。

2 分类地位及生物学特性

野西瓜苗（*Hibiscus trionum* L.），英文名 venusmallow。属于锦葵科（Malvaceae）木槿属（*Hibiscus* L.）。为一年生草本。种子繁殖。秋熟杂草。4～5 月出苗，花果期 6～8 月。种子发芽适宜温度为 15～30℃；适宜土层深度在 1～5cm；适宜的土壤含水量为 40%～45%。

分布于全国及世界各地。适生于较湿润而肥沃的农田，亦较耐旱，为旱作物田常见的杂草，生长在棉花、玉米、豆类、蔬菜、果树等作物地，路旁、荒坡、旷野亦有生长。

3 种子管理

3.1 每年 8 月中旬采集野西瓜苗成熟种子。

3.2 将采集的种子置于室内自然条件下风干，7 月份测种子发芽率并置于冰箱 4℃条件下保存，每隔 1 个月定期检测种子发芽率。

3.3 实验用种子 2 年更换 1 次。

3.4 保存种子编号，注明名称、采集时间、发芽率，种子间谨防混杂。

4 栽培方法

4.1 用具：口径 9.5cm、深 8cm 花盆等，不锈钢盆等底盘，试验架等。

4.2 土壤：试验用土为未用药地块收集的试验专用土，土壤类型以壤土为优，花肥拌沙混用。

4.3 装土：将土装至花盆的 3/4。

4.4 浸土：将花盆置于盛有 5cm 深水的大不锈钢盆内，水从花盆底部向上渗透，使土壤完全湿润。

4.5 播种：将花盆取出置于不锈钢盆内，将野西瓜苗种子均匀撒播于花盆内，保证每盆 20～30 粒种子。

4.6 覆土：种子上覆 0.5cm 左右厚混沙细土。

4.7 培育：置于温室培养，温室中温度保持在 15～30℃。

4.8 浇水：从花盆底部加水，使土壤保持湿润，含水量在 20%～30%。

4.9 待野西瓜苗长至适龄即可用作试验处理，茎叶处理的试材在处理前需要定植。

SOP-SC-3054 萝藦

Pesticide Bioassay Testing SOP for Japanese Metaplexis

1 适用范围

本规范适用于杂草萝藦［*Metaplexis japonica*（Thunb.）Makino］的种子采集、保存与培养。

2 分类地位及生物学特性

萝藦［*Metaplexis japonica*（Thunb.）Makino］，又名天将壳、飞来鹤、赖瓜瓢，英文名 Japanese metaplexis。属于萝藦科（Asclepiadaceae）萝藦属（*Metaplexis* R. Br.）。为多年生草本。根芽和种子繁殖。秋熟杂草。花期 7～8 月，果期 9～12 月。地下有根状茎横走，黄白色，种子成熟后随风传播。种子发芽适宜温度为 15～30℃；适宜土层深度在 1～5cm；适宜的土壤含水量为 40%～45%。

分布于东北、华北、华东、甘肃、贵州和湖北等地；朝鲜、日本及俄罗斯也有。多生于潮湿环境，亦耐干旱。为果园、茶园及桑园的杂草，也是旱作物地边杂草，有时受害较重。河边、路旁、灌丛和荒地亦有生长。

3 种子管理

3.1 每年 9～10 月中、下旬采集萝藦成熟种子。

3.2 将采集的种子置于室内自然条件下风干，7 月份测种子发芽率并置于冰箱 4℃条件下保存，每隔 1 个月定期检测种子发芽率。

3.3 实验用种子 2 年更换 1 次。

3.4 保存种子编号，注明名称、采集时间、发芽率，种子间谨防混杂。

4 栽培方法

4.1 用具：口径 9.5cm、深 8cm 花盆等，不锈钢盆等底盘，试验架等。

4.2 土壤：试验用土为未用药地块收集的试验专用土，土壤类型以壤土为优，花肥拌沙混用。

4.3 装土：将土装至花盆的 3/4。

4.4 浸土：将花盆置于盛有 5cm 深水的大不锈钢盆内，水从花盆底部向上渗透，使土壤完全湿润。

4.5 播种：将花盆取出置于不锈钢盆内，将萝藦种子均匀播于花盆内，保证每盆 20～30 粒种子。

4.6 覆土：种子上覆 0.5cm 左右厚混沙细土。

4.7 培育：置于温室培养，温室中温度保持在 15～30℃。

4.8 浇水：从花盆底部加水，使土壤保持湿润，含水量在 20%～30%。

4.9 待萝藦长至适龄即可用作试验处理。

SOP-SC-3055 苣荬菜

Pesticide Bioassay Testing SOP for Bracted Sowthistle

1 适用范围

本规范适用于杂草苣荬菜（*Sonchus brachyotus* DC.）的种子采集、保存与培养。

2 分类地位及生物学特性

苣荬菜（*Sonchus brachyotus* DC.），又名曲荬菜、苦苣菜，英文名 bracted sowthistle。属于菊科（Compositae）苦苣菜属（*Sonchus* L.）。为多年生草本。根茎和种子繁殖。秋熟杂草。根茎多分布在5～20cm的土层中，质脆易断，每个断体都能长成新的植株，耕作或除草更能促进萌发。北方农田4～5月出苗，终年不断。花果期6～10月，种子于7月即渐次成熟飞散，秋季或次年春季萌发，第2～3年抽茎开花。种子发芽适宜温度为15～30℃；适宜土层深度在1～5cm；适宜的土壤含水量为40%～45%。

分布于东北、华北、华东、西北、华中及西南地区；亚洲东部也有。为区域性的恶性杂草，危害棉花、油菜、甜菜、豆类、小麦、玉米、谷子、蔬菜等作物。亦是果园杂草。在北方有些地区发生量大，危害严重；亦是蚜虫越冬寄主。

3 种子管理

3.1 每年9月中旬采集苦苣菜成熟种子。

3.2 将采集的种子置于室内自然条件下风干，7月份测种子发芽率并置于冰箱4℃条件下保存，每隔1个月定期检测种子发芽率。

3.3 实验用种子2年更换1次。

3.4 保存种子编号，注明名称、采集时间、发芽率，种子间谨防混杂。

4 栽培方法

4.1 用具：口径9.5cm、深8cm花盆等，不锈钢盆等底盘，试验架等。

4.2 土壤：试验用土为未用药地块收集的试验专用土，土壤类型以壤土为优，花肥拌沙混用。

4.3 装土：将土装至花盆的3/4。

4.4 浸土：将花盆置于盛有5cm深水的不锈钢盆内，水从花盆底部向上渗透，使土壤完全湿润。

4.5 播种：将花盆取出置于不锈钢盆内，将苣荬菜种子均匀播于花盆内，保证每盆20～30粒种子。

4.6 覆土：种子上覆0.5cm左右厚混沙细土。

4.7 培育：置于温室培养，温室中温度保持在15～30℃。

4.8 浇水：从花盆底部加水，使土壤保持湿润，含水量在20%～30%。

4.9 待苣荬菜长至适龄即可用作试验处理，茎叶处理的试材在处理前需要定植。

SOP-SC-3056 大蓟

Pesticide Bioassay Testing SOP for Setose Cephalanoplos

1 适用范围

本规范适用于杂草大蓟［*Cephalanoplos setosum*（Willd）KItam］的种子采集、保存与培养。

2 分类地位及生物学特性

大蓟［*Cephalanoplos setosum*（Willd）KItam］，又名大刺儿菜，英文名 setose cephalanoplos。属于菊科（Compositae）刺儿菜属（*Cephalanoplos* Necker.）。为多年生草本。在水平生长的根上产生不定芽，进行无性繁殖及种子繁殖。秋熟杂草。花果期 6～9 月。种子发芽适宜温度为 15～30℃；适宜土层深度在 1～5cm；适宜的土壤含水量为 40%～45%。

分布于东北、华北、陕西、甘肃、宁夏、青海、四川和江苏等地；朝鲜、日本、蒙古和俄罗斯也有。常生于田边、路旁及退耕的荒地上，属中生植物；常危害夏收作物（麦类、油菜和马铃薯）及秋收作物（玉米、大豆、谷子和甜菜等），也在牧场及果园危害，在耕作粗放的农田中，发生量大，危害严重，很难防治，尤在北方地区，危害更大。

3 种子管理

3.1 每年 9 月中旬采集大蓟成熟种子。

3.2 将采集的种子置于室内自然条件下风干，7 月份测种子发芽率并置于冰箱 4℃条件下保存，每隔 1 个月定期检测种子发芽率。

3.3 实验用种子 2 年更换 1 次。

3.4 保存种子编号，注明名称、采集时间、发芽率，种子间谨防混杂。

4 栽培方法

4.1 用具：口径 9.5cm、深 8cm 花盆等，不锈钢盆等底盘，试验架等。

4.2 土壤：试验用土为未用药地块收集的试验专用土，土壤类型以壤土为优，花肥拌沙混用。

4.3 装土：将土装至花盆的 3/4。

4.4 浸土：将花盆置于盛有 5cm 深水的大不锈钢盆内，水从花盆底部渗透，使土壤完全湿润。

4.5 播种：将花盆取出置于不锈钢盆内，将大蓟种子均匀撒播于花盆内，保证每盆 20 粒种子。

4.6 覆土：种子上覆 0.5cm 左右厚混沙细土。

4.7 培育：置于温室培养，温室中温度保持在 15～35℃。

4.8 浇水：从花盆底部加水，使土壤保持湿润，含水量在 20%～30%。

4.9 待大蓟长至适龄即可用作试验处理，茎叶处理的试材在处理前需要定植。

SOP-SC-3057 鼬瓣花

Pesticide Bioassay Testing SOP for Bifid Hempnettle

1 适用范围

本规范适用于杂草鼬瓣花（*Galeopsis bifida* Boenn.）的种子采集、保存与培养。

2 分类地位及生物学特性

鼬瓣花（*Galeopsis bifida* Boenn.），又名野芝麻、野苏子，英文名 bifid hempnettle。属于唇形科（Labiatae）鼬瓣花属（*Galeopsis* L.）。为一年生草本。种子繁殖。秋熟杂草。花期 7～9 月，果期 9～10 月。种子发芽适宜温度为 15～30℃；适宜土层深度在 1～5cm；适宜的土壤含水量为 40%～45%。

分布于我国西南、西北、东北、华北及湖北西部；欧亚及北美都有。为东北及华北北部地区农田的主要杂草之一，对多种夏收作物及秋收作物均有较重的危害；也常见于林缘、路旁、灌丛草地等空旷处。

3 种子管理

3.1 每年 9～10 月中旬采集鼬瓣花成熟种子。

3.2 将采集的种子置于室内自然条件下风干，7 月份测种子发芽率并置于冰箱 4℃条件下保存，每隔 1 个月定期检测种子发芽率。

3.3 实验用种子 2 年更换 1 次。

3.4 保存种子编号，注明名称、采集时间、发芽率，种子间谨防混杂。

4 栽培方法

4.1 用具：口径 9.5cm、深 8cm 花盆等，不锈钢盆等底盘，试验架等。

4.2 土壤：试验用土为未用药地块收集的试验专用土，土壤类型以壤土为优，花肥拌沙混用。

4.3 装土：将土装至花盆的 3/4。

4.4 浸土：将花盆置于盛有 5cm 深水的大不锈钢盆内，水从花盆底部向上渗透，使土壤完全湿润。

4.5 播种：将花盆取出置于不锈钢盆内，将鼬瓣花种子均匀撒播于花盆内，保证每盆 20～30 粒种子。

4.6 覆土：种子上覆 0.5cm 左右厚混沙细土。

4.7 培育：置于温室培养，温室中温度保持在 15～30℃。

4.8 浇水：从花盆底部加水，使土壤保持湿润，含水量在 20%～30%。

4.9 待鼬瓣花长至适龄即可用作试验处理，茎叶处理的试材在处理前需要定植。

SOP-SC-3058 节节菜

Pesticide Bioassay Testing SOP for Indian Rotala

1 适用范围

本规范适用于杂草节节菜［*Rotala indica*（Willd.）Koehne］的种子采集、保存与培养。

2 分类地位及生物学特性

节节菜［*Rotala indica*（Willd.）Koehne］，英文名 indian rotala。属于千屈菜科（Lythraceae）节节菜属（*Rotala* L.）。为一年生矮小草本。种子繁殖。秋熟杂草。苗期 5～8 月，花果期 8～11 月。在双季稻田，早稻田苗，可以由营养体度过耕作期，在晚稻田大量发生。种子发芽适宜温度为 15～30℃；适宜土层深度在 1～5cm；适宜的土壤含水量为 40%～45%。

主要分布于秦岭、淮河一线以南地区；印度至菲律宾、日本也有。适生于水田或湿地上，为稻田危害较为严重的杂草；双季稻区，以晚稻田危害最为严重。发生重的田块，密生呈毡状，与水稻争水肥，降低土温，严重影响水稻的分蘖发棵，是造成双季晚稻产量减少的重要因素。

3 种子管理

3.1 每年 10 月中、下旬采集节节菜成熟种子。

3.2 将采集的种子置于室内自然条件下风干，7 月份测种子发芽率并置于冰箱 4℃条件下保存，每隔 1 个月定期检测种子发芽率。

3.3 实验用种子 2 年更换 1 次。

3.4 保存种子编号，注明名称、采集时间、发芽率，种子间谨防混杂。

4 栽培方法

4.1 用具：口径 9.5cm、深 8cm 花盆等，不锈钢盆等底盘，试验架等。

4.2 土壤：试验用土为未用药地块收集的试验专用土，土壤类型以壤土为优，花肥拌沙混用。

4.3 装土：将土装至花盆的 3/4。

4.4 浸土：将花盆置于盛有 5cm 深水的大不锈钢盆内，水从花盆底部向上渗透，使土壤完全湿润。

4.5 播种：将花盆取出置于不锈钢盆内，将节节菜种子均匀撒播于花盆内，保证每盆 20～30 粒种子。

4.6 覆土：种子上覆 0.5cm 左右厚混沙细土。

4.7 培育：置于温室培养，温室中温度保持在 15～30℃。

4.8 浇水：从花盆底部加水，使土壤保持湿润，含水量在 20%～30%。

4.9 待节节菜长至适龄即可用作试验处理，茎叶处理的试材在处理前需要定植。

SOP-SC-3059 水苋菜

Pesticide Bioassay Testing SOP for Common Ammannia

1 适用范围

本规范适用于杂草水苋菜（*Ammannia baccifera* L.）的种子采集、保存与培养。

2 分类地位及生物学特性

水苋菜（*Ammannia baccifera* L.），英文名 common ammannia 或 waterammannia。属于千屈菜科（Lythraceae）水苋菜属（*Ammannia* L.）。为一年生草本。种子繁殖。秋熟杂草。夏秋时开花。种子发芽适宜温度为 15～30℃；适宜土层深度在 1～5cm；适宜的土壤含水量为 40%～45%。

广布于热带与亚热带地区，我国云南、华南、华东至秦岭各省均有分布；亚洲热带其他地区、非洲和大洋洲也有。生于湿地或稻田，为稻田杂草，局部地区有中度危害。

3 种子管理

3.1 每年 9 月中旬采集水苋菜成熟种子。

3.2 将采集的种子置于室内自然条件下风干，7 月份测种子发芽率并置于冰箱 4℃条件下保存，每隔 1 个月定期检测种子发芽率。

3.3 实验用种子 2 年更换 1 次。

3.4 保存种子编号，注明名称、采集时间、发芽率，种子间谨防混杂。

4 栽培方法

4.1 用具：口径 9.5cm、深 8cm 花盆等，不锈钢盆等底盘，试验架等。

4.2 土壤：试验用土为未用药地块收集的试验专用土，土壤类型以壤土为优，花肥拌沙混用。

4.3 装土：将土装至花盆的 3/4。

4.4 浸土：将花盆置于盛有 5cm 深水的大不锈钢盆内，水从花盆底部向上渗透，使土壤完全湿润。

4.5 播种：将花盆取出置于不锈钢盆内，将水苋菜种子均匀撒播于花盆内，保证每盆 20～30 粒种子。

4.6 覆土：种子上覆 0.5cm 左右厚混沙细土。

4.7 培育：置于温室培养，温室中温度保持在 15～30℃。

4.8 浇水：从花盆底部加水，使土壤保持湿润，含水量在 20%～30%。

4.9 待水苋菜长至适龄即可用作试验处理。

SOP-SC-3060 眼子菜

Pesticide Bioassay Testing SOP for Distinct Pondweed

1 适用范围

本规范适用于杂草眼子菜（*Potamogeton distinctus* A. Bennett）的种子采集、保存与培养。

2 分类地位及生物学特性

眼子菜（*Potamogeton distinctus* A. Bennett），又名鸭子草、水案板、水上漂，英文名 distinct pondweed。属于雨久花科（Pontederiaceae）雨久花属（*Monochoria* Persl）。为多年生草本。以果实、根状茎及根状茎上的越冬芽繁殖。花期5～6月，果期7～8月。当果实成熟后，果实借水田排灌传播；在眼子菜营养生长前期，主要由根状茎上的芽发育成新的根状茎及地面的茎叶。

分布于东北、华北、西北、西南、华中、华东各地；朝鲜、日本也有分布。生于地势低洼、长期积水、土壤黏重及池沼、河流浅水处，是水稻田中一种恶性杂草。在北方和西南水稻产区，危害严重。我国南方大部分地区由于连年耕作，尤其是水旱轮作，其危害降低，但在局部地区仍有危害。

3 种子管理

3.1 每年9月中旬采集眼子菜根状茎。

3.2 将采集的根状茎置于室内自然条件下风干，7月份测发芽率并置于冰箱4℃条件下保存，每隔1个月定期检测根状茎发芽率。

3.3 实验用根状茎1年更换1次。

3.4 保存种子编号，注明名称、采集时间、发芽率，根状茎间谨防混杂。

4 栽培方法

4.1 用具：口径9.5cm、深8cm花盆等，不锈钢盆等底盘，试验架等。

4.2 土壤：试验用土为未用药地块收集的试验专用土，土壤类型以壤土为优，花肥拌沙混用。

4.3 装土：将土装至花盆的3/4。

4.4 浸土：将花盆置于盛有5cm深水的大不锈钢盆内，水从花盆底部向上渗透，使土壤完全湿润。

4.5 播种：将花盆取出置于不锈钢盆内，将根状茎均匀撒播于花盆内，保证每盆5～8条根状茎。

4.6 覆土：根状茎上覆1.0cm左右厚混沙细土。

4.7 培育：置于温室培养，温室中温度保持在20～35℃。

4.8 浇水：从花盆底部加水，使土壤保持湿润，含水量在20%～30%。

4.9 待眼子菜长至适龄即可用作试验处理，茎叶处理的试材在处理前需要定植。

SOP-SC-3061 鳢肠

Pesticide Bioassay Testing SOP for Yerbadetajo

1 适用范围

本规范适用于杂草鳢肠（*Eclipta prostrata* L.）的种子采集、保存与培养。

2 分类地位及生物学特性

鳢肠（*Eclipta prostrata* L.），又名墨旱草、旱莲草，英文名 yerbadetajo。属于菊科（Compositae）鳢肠属（*Eclipta* L.）。为一年生草本。种子繁殖。秋熟杂草。苗期 5～6 月，花期 7～8 月，果期 8～11 月。种子发芽适宜温度为 15～30℃；适宜土层深度在 1～5cm；适宜的土壤含水量为 40%～45%。

分布于全国各地；全世界热带及亚热带地区广布。为较湿润的棉花、大豆和甘薯及水稻田中危害严重的杂草，也见于路埂及沟旁。在棉、豆田中化学防除较为困难，在局部地区已经成为恶性杂草。

3 种子管理标准

3.1 每年 10 月的中、下旬分批采集鳢肠成熟种子。

3.2 将采集的种子置于室内自然条件下风干、越冬，翌年 4 月份测种子发芽率并置于冰箱 4℃条件下保存，每隔 1 个月定期检测种子发芽率。

3.3 实验用种子 2 年更换 1 次。

3.4 种子注明名称、采集时间、发芽率，种子间谨防混杂。

4 栽培方法

4.1 用具：口径 9.5cm、深 8cm 花盆，不锈钢盆或瓷盘等。

4.2 土壤：试验用土为未用药地块收集的试验专用土，土壤类型以壤土为优，花肥拌沙混用。

4.3 装土：将土装满花盆的 3/4。

4.4 浸土：将花盆置于盛有 5cm 深水的大不锈钢盆内，水从花盆底部向上渗透，使土壤完全湿润。

4.5 播种：将花盆取出置于不锈钢盆内，将鳢肠种子均匀撒播于花盆内，保证每盆 20～30 粒种子。

4.6 覆土：种子上 0～1cm 厚混沙细土。

4.7 置于温室培养，温室中温度保持在 15～35℃。

4.8 浇水：从花盆底部加水，使土壤保持湿润，含水量在 20%～35%。

4.9 待鳢肠长至适龄即可用作试验处理，茎叶处理的试材在处理前需要定植。

SOP-SC-3062 丁香蓼

Pesticide Bioassay Testing SOP for Climbing Seedbox

1 适用范围

本规范适用于杂草丁香蓼（*Ludwigia prostrata* Roxb.）的种子采集、保存与培养。

2 分类地位及生物学特性

丁香蓼（*Ludwigia prostrata* Roxb.），又名红豇豆、草龙，英文名 climbing seedbox。属于柳叶菜科（Onagraceae）丁香蓼属（*Ludwigia* L.）。为一年生草本。种子繁殖。秋熟杂草。在嘉陵江上游的稻田中生长的5～6月出苗，花果期7～11月。种子发芽适宜温度为15～30℃；适宜土层深度在1～5cm；适宜的土壤含水量为40%～45%。

分布于全国，但主要在长江以南各省区。朝鲜、日本、印度至马来西亚也有。为水稻田及湿润秋熟旱作物地的主要杂草，特别是水稻种植区；水改旱，常会大量发生，局部地区危害严重。

3 种子管理

3.1 每年10～11月中旬采集丁香蓼成熟种子。

3.2 将采集的种子置于室内自然条件下风干，翌年4月份测种子发芽率并置于冰箱4℃条件下保存，每隔1个月定期检测种子发芽率。

3.3 实验用种子2年更换1次。

3.4 保存种子编号，注明名称、采集时间、发芽率，种子间谨防混杂。

4 栽培方法

4.1 用具：口径9.5cm、深8cm花盆等，不锈钢盆等底盘，试验架等。

4.2 土壤：试验用土为未用药地块收集的试验专用土，土壤类型以壤土为优，花肥拌沙混用。

4.3 装土：将土装至花盆的3/4。

4.4 浸土：将花盆置于盛有5cm深水的大不锈钢盆内，水从花盆底部向上渗透，使土壤完全湿润。

4.5 播种：将花盆取出置于不锈钢盆内，将丁香蓼种子均匀撒播于花盆内，保证每盆20～30粒种子。

4.6 覆土：种子上覆0.5cm左右厚混沙细土。

4.7 培育：置于温室培养，温室中温度保持在15～30℃。

4.8 浇水：从花盆底部加水，使土壤保持湿润，含水量在20%～30%。

4.9 待丁香蓼长至适龄即可用作试验处理。

SOP-SC-3063 陌上菜

Pesticide Bioassay Testing SOP for Procumbent Falsepimpernel

1 适用范围

本规范适用于杂草陌上菜［*Lindernia procumbens*（Krock.）Philcox］的种子采集、保存与培养。

2 分类地位及生物学特性

陌上菜［*Lindernia procumbens*（Krock.）Philcox］，英文名 procumbent falsepimpernel。属于玄参科（Scrophulariaceae）母草属（*Lindernia* All.）。为一年生草本。种子繁殖。秋熟杂草。花期7～10月，果期9～11月。种子发芽适宜温度为15～30℃；适宜土层深度在1～5cm；适宜的土壤含水量为40%～45%。

全国各省均有分布；欧洲南部至日本、马来西亚也有。喜生潮湿、积水处，为稻田和路边常见杂草，发生量较大，危害较重。

3 种子管理

3.1 每年9月中旬采集陌上菜成熟种子。

3.2 将采集的种子置于室内自然条件下风干，翌年4月份测种子发芽率并置于冰箱4℃条件下保存，每隔1个月定期检测种子发芽率。

3.3 实验用种子2年更换1次。

3.4 保存种子编号，注明名称、采集时间、发芽率，种子间谨防混杂。

4 栽培方法

4.1 用具：口径9.5cm、深8cm花盆等，不锈钢盆等底盘，试验架等。

4.2 土壤：试验用土为未用药地块收集的试验专用土，土壤类型以壤土为优，花肥拌沙混用。

4.3 装土：将土装至花盆的3/4。

4.4 浸土：将花盆置于盛有5cm深水的大不锈钢盆内，水从花盆底部渗透，使土壤完全湿润。

4.5 播种：将花盆取出置于不锈钢盆内，将陌上菜种子均匀播于花盆内，保证每盆20～30粒种子。

4.6 覆土：种子上覆0.5cm左右厚混沙细土。

4.7 培育：置于温室培养，温室中温度保持在15～30℃。

4.8 浇水：从花盆底部加水，使土壤保持湿润，含水量在20%～30%。

4.9 待陌上菜长至适龄即可用作试验处理，茎叶处理的试材在处理前需要定植。

SOP-SC-3064 香薷

Pesticide Bioassay Testing SOP for Common Elsholtzia

1 适用范围

本规范适用于杂草香薷［*Elsholtzia ciliata*（Thunb.）Hyland］的种子采集、保存与培养。

2 分类地位及生物学特性

香薷［*Elsholtzia ciliata*（Thunb.）Hyland］，又名水荆芥、臭荆芥、野苏麻，英文名common elsholtzia。属于唇形科（Labiatae）香薷属（*Elsholtzia* Willd.）。为一年生草本。种子繁殖。秋熟杂草。花期7～9月，果期10月。种子发芽适宜温度为15～30℃；适宜土层深度在1～5cm；适宜的土壤含水量为40%～45%。

分布几乎遍及全国各地。印度、朝鲜、日本、蒙古、前苏联及欧洲、北美也有。生于耕地、田边、路旁、沟边、村落或住宅周围荒地以及山坡，海拔3400m；常混杂在各种作物播种地，蔓延快，株形大，危害严重。

3 种子管理

3.1 每年10月中旬采集香薷成熟种子。

3.2 将采集的种子置于室内自然条件下风干，翌年4月份测种子发芽率并置于冰箱4℃条件下保存，每隔1个月定期检测种子发芽率。

3.3 实验用种子2年更换1次。

3.4 保存种子编号，注明名称、采集时间、发芽率，种子间谨防混杂。

4 栽培方法

4.1 用具：口径9.5cm、深8cm花盆等，不锈钢盆等底盘，试验架等。

4.2 土壤：试验用土为未用药地块收集的试验专用土，土壤类型以壤土为优，花肥拌沙混用。

4.3 装土：将土装至花盆的3/4。

4.4 浸土：将花盆置于盛有5cm深水的大不锈钢盆内，水从花盆底部向上渗透，使土壤完全湿润。

4.5 播种：将花盆取出置于不锈钢盆内，将香薷种子均匀撒播于花盆内，保证每盆20～30粒种子。

4.6 覆土：种子上覆0.5cm左右厚混沙细土。

4.7 培育：置于温室培养，温室中温度保持在15～30℃。

4.8 浇水：从花盆底部加水，使土壤保持湿润，含水量在20%～30%。

4.9 待香薷长至适龄即可用作试验处理，茎叶处理的试材在处理前需要定植。

SOP-SC-3065 卷茎蓼

Pesticide Bioassay Testing SOP for Black Bindweed

1 适用范围

本规范适用于杂草卷茎蓼（*Polygonum convolvulus* L.）的种子采集、保存与培养。

2 分类地位及生物学特性

卷茎蓼（*Polygonum convolvulus* L.），又名荞麦蔓，英文名 black bindweed。属于蓼科（Polygonaceae）蓼属（*Polygonum* L.）。为一年生缠绕草本。种子繁殖。秋熟杂草。种子春季萌发，长出幼苗，花期6～7月，果期8～9月。种子发芽适宜温度为15～30℃；适宜土层深度在1～5cm；适宜的土壤含水量为40%～45%。

分布于秦岭、淮河以北地区；朝鲜、日本、菲律宾、印度以及欧洲和北美也有。为华北、西北、华北北部地区农田的主要杂草之一，危害麦类、大豆、玉米等作物，危害严重。

3 种子管理

3.1 每年9月中旬采集卷茎蓼成熟种子。

3.2 将采集的种子置于室内自然条件下风干，翌年4月份测种子发芽率并置于冰箱4℃条件下保存，每隔1个月定期检测种子发芽率。

3.3 实验用种子2年更换1次。

3.4 保存种子编号，注明名称、采集时间、发芽率，种子间谨防混杂。

4 栽培方法

4.1 用具：口径9.5cm、深8cm花盆等，不锈钢盆等底盘，试验架等。

4.2 土壤：试验用土为未用药地块收集的试验专用土，土壤类型以壤土为优，花肥拌沙混用。

4.3 装土：将土装至花盆的3/4。

4.4 浸土：将花盆置于盛有5cm深水的大不锈钢盆内，水从花盆底部渗透，使土壤完全湿润。

4.5 播种：将花盆取出置于不锈钢盆内，将卷茎蓼种子均匀播于花盆内，保证每盆20～30粒种子。

4.6 覆土：种子上覆0.5cm左右厚混沙细土。

4.7 培育：置于温室培养，温室中温度保持在15～30℃。

4.8 浇水：从花盆底部加水，使土壤保持湿润，含水量在20%～30%。

4.9 待卷茎蓼长至适龄即可用作试验处理，茎叶处理的试材在处理前需要定植。

SOP-SC-3066 猪殃殃

Pesticide Bioassay Testing SOP for Catchweed Bedstraw

1 适用范围

本规范适用于杂草猪殃殃［*Galium aparine* L. var. *tenerum*（Gren. et Godr.）Rcbb.］的种子采集、保存与培养。

2 分类地位及生物学特性

猪殃殃［*Galium aparine* L. var. *tenerum*（Gren. et Godr.）Rcbb.］，英文名 catchweed bedstraw。属于茜草科（Rubiaceae）拉拉藤属（*Galium* L.）。为越年生或一年生草本。种子繁殖。夏熟杂草。花期 4～5 月，果期 5～6 月。种子发芽的最低温度为 5℃，最适温度 15～20℃，高于 25℃多数不能萌发；适宜的土壤含水量为 40%～45%，较喜湿，种子埋在水田内的寿命比埋在旱田内长；适宜的土层深度为 0～5cm，尤以 0～2cm 发芽率最高。

分布范围最北至辽宁，南至广东、广西；日本也有。为旱性夏熟作物田恶性杂草：华北、西北、淮河流域地区麦和油菜田有大面积发生和危害；长江流域以南地区危害都局限于山坡地的麦和油菜作物。对麦类作物的危害性大于油菜。

3 种子管理

3.1 每年 5 月中旬采集猪殃殃成熟种子。

3.2 将采集的种子置于室内自然条件下风干，拌消毒土后一起装入沙网袋内并埋入 13～15cm 土层下进行层积处理，7 月份取出，洗净晾干后测种子发芽率并置于冰箱 4℃条件下保存，每隔 1 个月定期检测种子发芽率。

3.3 实验用种子 2 年更换 1 次。

3.4 种子注明名称、采集时间、发芽率，种子间谨防混杂。

4 栽培方法

4.1 土壤：试验用土为未用药地块收集的试验专用土，土壤类型以壤土为优，花肥拌沙混用。

4.2 用具：口径 9.5cm、深 8cm 花盆，不锈钢盆或瓷盘等。

4.3 装土：将土装满花盆的 3/4。

4.4 浸土：将花盆置于盛有 5cm 深水的大不锈钢盆内，水从花盆底部向上渗透，使土壤完全湿润。

4.5 播种：将花盆取出置于不锈钢盆内，将猪殃殃种子均匀撒播于花盆内，保证每盆 20～30 粒种子。

4.6 覆土：种子上覆 0～1cm 厚混沙细土。

4.7 培育：置于温室培养，温室中温度保持在 10～20℃。

4.8 浇水：从花盆底部加水，使土壤保持湿润，含水量在 20%～35%。

4.9 待猪殃殃长至适龄即可用作试验处理，茎叶处理的试材在处理前需要定植。

SOP-SC-3067 婆婆纳

Pesticide Bioassay Testing SOP for Geminate Speedwell

1 适用范围

本规范适用于杂草婆婆纳（*Veronica didyma* Tenore）的种子采集、保存与培养。

2 分类地位及生物学特性

婆婆纳（*Veronica didyma* Tenore），英文名 geminate speedwell。属于玄参科（Scrophulariaceae）婆婆纳属（*Veronica* L.）。为一年或两年生草本。种子繁殖。夏熟杂草。苗期冬季或延迟春季，花期 3～4 月，果期 5～6 月。种子发芽的最低温度为 5℃，最适温度 15～20℃，高于 25℃多数不能萌发；适宜的土壤含水量为 40%～45%。

分布几乎遍及全国；亚洲其他地区、欧洲、非洲北部也有。在旱地发生较多，为夏收作物田主要杂草之一，华北、西北、东北为重发区，部分地区危害较重。

3 种子管理

3.1 每年 5 月中旬采集波斯婆婆纳成熟种子。

3.2 将采集的种子置于室内自然条件下风干，翌年 4 月份测种子发芽率并置于冰箱 4℃条件下保存，每隔 1 个月定期检测种子发芽率。

3.3 实验用种子 2 年更换 1 次。

3.4 种子注明名称、采集时间、发芽率，种子间谨防混杂。

4 栽培方法

4.1 土壤：试验用土为未用药地块收集的试验专用土，土壤类型以壤土为优，花肥拌沙混用。

4.2 用具：口径 9.5cm、深 8cm 花盆，不锈钢盆或瓷盘等。

4.3 装土：将土装满花盆的 3/4。

4.4 浸土：将花盆置于盛有 5cm 深水的大不锈钢盆内，水从花盆底部向上渗透，使土壤完全湿润。

4.5 播种：将花盆取出置于不锈钢盆内，将波斯婆婆纳种子均匀撒播于花盆内，保证每盆 20～30 粒种子。

4.6 覆土：种子上覆 0～1cm 厚混沙细土。

4.7 培育：置于温室培养，温室中温度保持在 10～25℃。

4.8 浇水：从花盆底部加水，使土壤保持湿润，含水量在 20%～35%。

4.9 待波斯婆婆纳长至适龄即可用作试验处理，茎叶处理的试材在处理前需要定植。

SOP-SC-3068 遏蓝菜

Pesticide Bioassay Testing SOP for Field pennyress

1 适用范围

本规范适用于杂草遏蓝菜（*Thlaspi arvense* L.）的种子采集、保存与培养。

2 分类地位及生物学特性

遏蓝菜（*Thlaspi arvense* L.），又名败酱草、菥蓂，英文名 field pennycress。属于十字花科（Cruciferae）菥蓂属（*Thlaspi* L.）。为越年生或一年生草本。种子繁殖。夏熟杂草。花期 4～5 月，果期 5～6 月。种子发芽的最低温度为 5℃，最适温度 15～20℃，高于 25℃多数不能萌发；适宜的土壤含水量为 40%～45%。

分布范围最北至辽宁，南至广东、广西；日本也有。为旱性夏熟作物田恶性杂草：华北、西北、淮河流域地区麦和油菜田有大面积发生和危害；长江流域以南地区危害都局限于山坡地的麦和油菜作物。对麦类作物的危害性大于油菜。

3 种子管理

3.1 每年 5 月中旬采集遏蓝菜成熟种子。

3.2 将采集的种子置于室内自然条件下风干，翌年 4 月份测种子发芽率并置于冰箱 4℃条件下保存，每隔 1 个月定期检测种子发芽率。

3.3 实验用种子 2 年更换 1 次。

3.4 种子注明名称、采集时间、发芽率，种子间谨防混杂。

4 栽培方法

4.1 土壤：试验用土为未用药地块收集的试验专用土，土壤类型以壤土为优，花肥拌沙混用。

4.2 用具：口径 9.5cm、深 8cm 花盆，不锈钢盆或瓷盘等。

4.3 装土：将土装满花盆的 3/4。

4.4 浸土：将花盆置于盛有 5cm 深水的大不锈钢盆内，水从花盆底部向上渗透，使土壤完全湿润。

4.5 播种：将花盆取出置于不锈钢盆内，将遏蓝菜种子均匀播于花盆内，保证每盆 20～30 粒种子。

4.6 覆土：种子上覆 0～1cm 厚混沙细土。

4.7 培育：置于温室培养，温室中温度保持在 10～25℃。

4.8 浇水：从花盆底部加水，使土壤保持湿润，含水量在 20%～35%。

4.9 待遏蓝菜长至适龄即可用作试验处理，茎叶处理的试材在处理前需要定植。

SOP-SC-3069 节列角茴香

Pesticide Bioassay Testing SOP for Thinfruit Hypericum

1 适用范围

本规范适用于杂草节列角回香（*Hypericum leptocarpum* Hook. f. et. Thoms.）的种子采集、保存与培养。

2 分类地位及生物学特性

节列角茴香（*Hypericum leptocarpum* Hook. f. et. Thoms.），英文名 thinfruit hypericum。属于罂粟科（Papaveraceae）角茴香属（*Hypericum* L.）。为一年生草本。种子繁殖。秋熟杂草。花期 6～8 月。种子发芽适宜温度为 15～30℃；适宜土层深度在 1～5cm；适宜的土壤含水量为 40%～45%。

分布于河北西北部、四川西部、青海、甘肃、陕西、西藏等地；印度锡金邦也有。适生于海拔较高的草地上。在山区、高平原的旱作物地常见。一般性杂草，危害较轻。

3 种子管理

3.1 每年 7 月中、下旬采集节列角茴香成熟种子。

3.2 将采集的种子置于室内自然条件下风干，翌年 4 月份测种子发芽率并置于冰箱 4℃条件下保存，每隔 1 个月定期检测种子发芽率。

3.3 实验用种子 2 年更换 1 次。

3.4 种子注明名称、采集时间、采集地点、发芽率，种子间谨防混杂。

4 栽培方法

4.1 土壤：试验用土为未用药地块收集的试验专用土，土壤类型以壤土为优，花肥拌沙混用。

4.2 用具：口径 9.5cm、深 8cm 花盆，不锈钢盆或瓷盘等。

4.3 装土：将土装满花盆的 3/4。

4.4 浸土：将花盆置于盛有 5cm 深水的大不锈钢盆内，水从花盆底部向上渗透，使土壤完全湿润。

4.5 播种：将花盆取出置于不锈钢盆内，将节列角茴香种子均匀撒播于花盆内，保证每盆 20～30 粒种子。

4.6 覆土：种子上覆 1cm 厚混沙细土。

4.7 培育：置于温室培养，温室中温度保持在 15～30℃。

4.8 浇水：从花盆底部加水，使土壤保持湿润，含水量在 20%～35%。

4.9 待节列角茴香长至适龄即可用作试验处理，茎叶处理的试材在处理前需要定植。

SOP-SC-3070 薄蒴草

Pesticide Bioassay Testing SOP for Common Lepyrodiclis

1 适用范围

本规范适用于杂草薄蒴草［*Lepyrodiclis holosteoides*（C. A. Mey.）Fenzl ex Fisch. et Mey］的种子采集、保存与培养。

2 分类地位及生物学特性

薄蒴草［*Lepyrodiclis holosteoides*（C. A. Mey.）Fenzl ex Fisch. et Mey］，英文名 common lepyrodiclis。属于水马齿科（Callitrichaceae）薄蒴草属（*Lepyrodiclis* Fenzl）。为一年或两年生草本。种子繁殖。秋熟杂草。通常 3～4 月随春小麦同时出苗，花果期 6～8 月。种子发芽适宜温度为 15～30℃；适宜土层深度在 1～5cm；适宜的土壤含水量为 40%～45%。

分布于西藏、青海、新疆、甘肃（甘南及祁连山区）、内蒙古、陕西（秦岭）和山西（太行山）；俄罗斯、印度、阿富汗和伊朗也有。为一种地区性恶性杂草，也是西北部高寒地区主要农田杂草，主要危害麦类和油菜。

3 种子管理

3.1 每年 8 月中旬采集薄蒴草成熟种子。

3.2 将采集的种子置于室内自然条件下风干，翌年 4 月份测种子发芽率并置于冰箱 4℃条件下保存，每隔 1 个月定期检测种子发芽率。

3.3 实验用种子 2 年更换 1 次。

3.4 种子注明名称、采集时间、发芽率，种子间谨防混杂。

4 栽培方法

4.1 土壤：试验用土为未用药地块收集的试验专用土，土壤类型以壤土为优，花肥拌沙混用。

4.2 用具：口径 9.5cm、深 8cm 花盆，52cm×43cm×4.5cm 不锈钢盆，135cm×95cm×9.5cm 不锈钢盆。

4.3 装土：将土装满花盆的 3/4。

4.4 浸土：将花盆置于盛有 5cm 深水的大不锈钢盆内，水从花盆底部向上渗透，使土壤完全湿润。

4.5 播种：将花盆取出置于不锈钢盆内，将薄蒴草种子均匀撒播于花盆内，保证每盆 20～30 粒种子。

4.6 覆土：种子上覆 1cm 厚混沙细土。

4.7 培育：置于温室培养，温室中温度保持在 15～30℃。

4.8 浇水：从花盆底部加水，使土壤保持湿润，含水量在 20%～35%。

4.9 待薄蒴草长至适龄即可用作试验处理，茎叶处理的试材在处理前需要定植。

SOP-SC-3071 播娘蒿

Pesticide Bioassay Testing SOP for Flixweed Tansymustard

1 适用范围

本规范适用于杂草播娘蒿（*Descurainia sophia*（L.）Schur.）的种子采集、保存与培养。

2 分类地位及生物学特性

播娘蒿［*Descurainia sophia*（L.）Schur.］，英文名 flixweed tansymustard 或 flixweed。属于十字花科（Cruciferae）播娘蒿属（*Descurainia* Webb et Berth）。为一年生或两年生草本。种子繁殖。夏熟杂草。在麦田中（华北地区）多为10月出苗，翌年4～6月为花果期。种子发芽的最低温度为5℃，最适温度15～20℃，高于25℃多数不能萌发；适宜的土壤含水量为40％～45％。

分布于华北、东北、西北、华东、四川等地区。亚洲其他地区、欧洲、非洲北部及北美也有。适生于较湿润的环境，常与荠菜等杂草生长在一起，主要危害小麦、油菜、蔬菜及果树。在华北地区是危害小麦的主要恶性杂草之一。

3 种子管理

3.1 每年5月中旬采集播娘蒿成熟种子。

3.2 将采集的种子置于室内自然条件下风干，翌年4月份测种子发芽率并置于冰箱4℃条件下保存，每隔1个月定期检测种子发芽率。

3.3 实验用种子2年更换1次。

3.4 种子注明名称、采集时间、采集地点、发芽率，种子间谨防混杂。

4 栽培方法

4.1 土壤：试验用土为未用药地块收集的试验专用土，土壤类型以壤土为优，花肥拌沙混用。

4.2 用具：口径9.5cm、深8cm花盆，不锈钢盆或瓷盘等。

4.3 装土：将土装满花盆的3/4。

4.4 浸土：将花盆置于盛有5cm深水的大不锈钢盆内，水从花盆底部向上渗透，使土壤完全湿润。

4.5 播种：将花盆取出置于不锈钢盆内，将播娘篙种子均匀播于花盆内，保证每盆20～30粒种子。

4.6 覆土：种子上覆0～1cm厚混沙细土。

4.7 培育：置于温室培养，温室中温度保持在10～25℃。

4.8 浇水：从花盆底部加水，使土壤保持湿润，含水量在20％～35％。

4.9 待播娘蒿长至适龄即可用作试验处理，茎叶处理的试材在处理前需要定植。

SOP-SC-3072 马齿苋

Pesticide Bioassay Testing SOP for Evaluation Purslane

1 适用范围

本规范适用于杂草马齿苋（*Portulaca oleracea* L.）的种子采集、保存与培养。

2 分类地位及生物学特性

马齿苋（*Portulaca oleracea* L.），又名马齿菜、马驼子菜、马菜，英文名 purslane。属于马齿苋科（Portulacaceae）马齿苋属（*Portulaca* L.）。为一年生或两年生草本。种子繁殖。夏熟杂草。在麦田中（华北地区）多为 10 月出苗，翌年 4～6 月为花果期。种子发芽的最低温度为 5℃，最适温度 15～20℃，高于 25℃多数不能萌发；适宜的土壤含水量为 40%～45%。

分布于华北、东北、西北、华东、四川等地。亚洲其他地区、欧洲、非洲北部及北美也有。适生于较湿润的环境，常与荠菜等杂草生长在一起，主要危害小麦、油菜、蔬菜及果树。在华北地区是危害小麦的主要恶性杂草之一。

3 种子管理

3.1 每年 10 月的上、中旬分批采集马齿苋成熟种子。

3.2 将采集的种子置于室内自然条件下风干、越冬，翌年 4 月份测种子发芽率并置于冰箱 4℃条件下保存，每隔 1 个月定期检测种子发芽率。

3.3 实验用种子 3 年更换 1 次。

3.4 种子注明名称、采集时间、发芽率，种子间谨防混杂。

4 栽培方法

4.1 土壤：试验用土为未用药地块收集的试验专用土，土壤类型以壤土为优，花肥拌沙混用。

4.2 用具：口径 9.5cm、深 8cm 花盆，不锈钢盆或瓷盘等。

4.3 装土：将土装满花盆的 3/4。

4.4 浸土：将花盆置于盛有 5cm 深水的大不锈钢盆内，水从花盆底部渗透，使土壤完全湿润。

4.5 播种：将花盆取出置于小不锈钢盆内，将马齿苋种子均匀播于花盆内，保每盆 20～30 粒种子。

4.6 覆土：种子上覆 0～1cm 厚混沙细土。

4.7 培育：置于温室培养，温室中温度保持在 15～30℃。

4.8 浇水：从花盆底部加水，使土壤保持湿润，含水量在 20%～35%。

4.9 待马齿苋长至适龄即可用作试验处理，茎叶处理的试材在处理前需要定植。

SOP-SC-3073 反枝苋

Pesticide Bioassay Testing SOP for Redroot Pigweed

1 适用范围

本规范适用于杂草反枝苋（*Amaranthus retroflexus* L.）的种子采集、保存与培养。

2 分类地位及生物学特性

反枝苋（*Amaranthus retroflexus* L.），英文名 redroot pigweed。属于苋科（Amaranthaceae）苋属（*Amaranthus* L.）。为一年生草本。种子繁殖。秋熟杂草。种子发芽适宜温度为 15～30℃，适宜土层深度在 5cm 以内，对土壤含水量要求不严。4～5 月出苗，7 月开花结果，8 月以后种子渐次成熟落地或借助外力传播扩散。

我国东北、华北、西北及河南、江苏等地广泛分布。生于农田、菜园、果园或路旁。主要危害棉花、花生、玉米、豆类、瓜类、薯类、蔬菜、果树作物。

3 种子管理

3.1 每年 9 月的中、下旬分批采集反枝苋成熟种子。

3.2 将采集的种子置于室内自然条件下风干、越冬，翌年 4 月份测种子发芽率，并置于冰箱 4℃条件下保存，每隔 1 个月定期检测种子发芽率。

3.3 实验用种子 2 年更换 1 次。

3.4 保存种子编号，注明名称、采集时间、发芽率，种子间谨防混杂。

4 栽培与管理

4.1 土壤：试验用土为未用药地块收集的试验专用土，土壤类型以壤土为优，花肥拌沙混用。

4.2 用具：口径 9.5cm、深 8cm 花盆等，不锈钢盆或瓷盘等。

4.3 装土：将土壤装至花盆的 3/4。

4.4 浸土：将花盆置于盛有 5cm 深水的大不锈钢盆内，水从花盆底部向上渗透，使土壤完全湿润。

4.5 播种：将花盆取出置于不锈钢盆内，将反枝苋种子均匀撒播于花盆内，保证每盆 20 粒种子。

4.6 覆土：种子上覆 0.5cm 左右厚混沙细土。

4.7 培育：置于温室培养，温室中温度保持在 20～35℃。

4.8 浇水：从花盆底部加水，使土壤保持湿润，含水量在 20%～30%。

4.9 待反枝苋长至适龄即可用作试验处理，茎叶处理的试材在处理前需要定植。

SOP-SC-3074 铁苋菜

Pesticide Bioassay Testing SOP for Mercuryweed

1 适用范围

本规范适用于杂草铁苋菜（*Acalypha australis* L.）的种子采集、保存与培养。

2 分类地位及生物学特性

铁苋菜（*Acalypha australis* L.），英文名 mercuryweed。属于大戟科（Euphorbiaceae）铁苋菜属（*Acalypha* L.）。为一年生草本。种子繁殖。秋熟杂草。种子发芽适宜温度为15～30℃，适宜土层深度在5cm以内，对土壤含水量要求不严。春夏季出苗，花期5～8月，果期7～10月。8月以后种子渐次成熟落地或借助外力传播扩散。

全国长江及黄河流域中下游、沿海及西南、华南各省地广泛分布。生于较湿润的农田、菜园、果园、路旁或荒地。主要危害棉花、花生、玉米、豆类、瓜类、薯类、蔬菜、果树作物。

3 种子管理

3.1 每年9～10月的中、下旬分批采集铁苋菜成熟种子。

3.2 将采集的种子置于室内自然条件下风干、越冬，翌年4月份测种子发芽率并置于冰箱4℃条件下保存，每隔1个月定期检测种子发芽率。

3.3 实验用种子2年更换1次。

3.4 保存种子编号，注明名称、采集时间、采集地点、发芽率，种子间谨防混杂。

4 栽培与管理

4.1 用具：口径9.5cm、深8cm花盆等，不锈钢盆等底盘，试验架等。

4.2 土壤：试验用土为未用药地块收集的试验专用土，土壤类型以壤土为优，花肥拌沙混用。

4.3 装土：将土壤装至花盆的3/4。

4.4 浸土：将花盆置于盛有5cm深水的大不锈钢盆内，水从花盆底部渗透，使土壤完全湿润。

4.5 播种：将花盆取出置于不锈钢盆内，将铁苋菜种子均匀撒播于花盆内，保证每盆20粒种子。

4.6 覆土：种子上覆0.5cm左右厚混沙细土。

4.7 培育：置于温室培养，温室中温度保持在20～35℃。

4.8 浇水：从花盆底部加水，使土壤保持湿润，含水量在20%～30%。

4.9 待铁苋菜长至适龄即可用作试验处理，茎叶处理的试材在处理前需要定植。

SOP-SC-3075 牛繁缕

Pesticide Bioassay Testing SOP for Aquatic Malachium

1 适用范围

本规范适用于杂草牛繁缕［*Malachium aquaticum*（L.）Fries.］的种子采集、保存与培养。

2 分类地位及生物学特性

牛繁缕［*Malachium aquaticum*（L.）Fries.］，英文名 aquatic malachium。属于石竹科（Caryophyllaceae）茄属（*Malachium* Fries）。牛繁缕是一年生、两年生或多年生草本。种子繁殖。幼苗或种子越冬。发芽温度为 5～25℃，最适温度为 15～20℃：发芽的土层深度为 0～3cm；最适的土壤含水量 20%～30%。花果期 5～6 月份。有些个体由于受到刈割等影响，可延至夏、秋季开花结果，但植株生长较差。

分布于全国各地。生于农田、荒地、路旁等处。全国稻作地区的稻茬夏熟作物田均有发生和危害，而尤以低洼田地发生严重。

3 种子管理

3.1 每年 6 月的中、下旬分批采集牛繁缕成熟种子。

3.2 将采集的种子置于室内自然条件下风干，拌消毒土后一起装入沙网袋内并埋入 13～15cm 土层下进行层积处理，翌年 2 月取出，洗净晾干后测种子发芽率并置于冰箱 4℃条件下保存，每隔 1 个月定期检测种子发芽率。

3.3 实验用种子 2 年更换 1 次。

3.4 保存种子编号，注明名称、采集时间、发芽率，种子间谨防混杂。

4 栽培与管理

4.1 用具：口径 9.5cm、深 8cm 花盆等，不锈钢盆等底盘，试验架等。

4.2 土壤：试验用土为未用药地块收集的试验专用土，土壤类型以壤土为优，花肥拌沙混用。

4.3 装土：将土壤装至花盆的 3/4。

4.4 浸土：将花盆置于盛有 5cm 深水的大不锈钢盆内，水从花盆底部渗透，使土壤完全湿润。

4.5 播种：将花盆取出置于不锈钢盆内，将牛繁缕种子均匀播于花盆内，保证每盆 20～30 粒种子。

4.6 覆土：种子上覆 0.5cm 左右厚混沙细土。

4.7 培育：置于温室培养，温室中温度保持在 15～35℃，空气湿度 50%以上。

4.8 浇水：从花盆底部加水，使土壤保持湿润，含水量在 20%～30%。

4.9 待牛繁缕长至适龄即可用作试验处理，茎叶处理的试材在处理前需要定植。

SOP-SC-3076 泽漆

Pesticide Bioassay Testing SOP for Sunn Euphorbia

1 适用范围

本规范适用于杂草泽漆（*Euphorbia helioscopia* L.）的种子采集、保存与培养。

2 分类地位及生物学特性

泽漆（*Euphorbia helioscopia* L.），英文名 sunn euphorbia。属于大戟科（Euphorbiaceae）大戟属（*Euphorbia* L.）。为一年生草本。种子繁殖。秋熟杂草。种子发芽适宜温度为 15～25℃变温。花期 4～5 月，果期 6～7 月。

适应性强，喜生于潮湿地区，多生于山沟、荒野、路旁、胶园、桑园、茶园及蔬菜地，危害严重。除新疆、西藏外，分布几乎遍及全国。

3 种子管理

3.1 每年 6～7 月分批采集泽漆成熟种子。

3.2 将采集的种子置于室内自然条件下风干、越冬，翌年 4 月份测种子发芽率并置于冰箱 4℃条件下保存，每隔 1 个月定期检测种子发芽率。

3.3 实验用种子 2 年更换 1 次。

3.4 保存种子编号，注明名称、采集时间、采集地点、发芽率，种子间谨防混杂。

4 栽培与管理

4.1 用具：口径 9.5cm、深 8cm 花盆等，不锈钢盆等底盘，试验架等。

4.2 土壤：试验用土为未用药地块收集的试验专用土，土壤类型以壤土为优，花肥拌沙混用。

4.3 装土：将土壤装至花盆的 3/4。

4.4 浸土：将花盆置于盛有 5cm 深水的大不锈钢盆内，水从花盆底部渗透，使土壤完全湿润。

4.5 播种：将花盆取出置于不锈钢盆内，将泽漆种子均匀撒播于花盆内，保证每盆 20 粒种子。

4.6 覆土：种子上覆 0.5cm 左右厚混沙细土。

4.7 培育：置于温室培养，温室中温度保持在 20～35℃。

4.8 浇水：从花盆底部加水，使土壤保持湿润，含水量在 20%～30%。

4.9 待泽漆长至适龄即可用作试验处理，茎叶处理的试材在处理前需要定植。

SOP-SC-3077 鸭跖草

Pesticide Bioassay Testing SOP for Dayflower

1 适用范围

本规范适用于杂草鸭跖草（*Commelina communis* L.）的种子采集、保存与培养。

2 分类地位及生物学特性

鸭跖草（*Commelina communis* L.），英文名 dayflower。属于鸭跖草科（Commelinaceae）鸭跖草属（*Commelina* L.）。为一年生草本。种子繁殖。秋熟杂草。种子萌发从10℃开始，最适温度为20～30℃；适宜的土层深度为1～5cm，尤以1～3cm出苗率最高；对土壤含水量要求不严，特别能耐旱耐瘠。4～7月出苗，7月上旬前后抽穗、开花，8～11月种子渐次成熟。种子寿命较短，3年。

全国各地均有分布，受害较重为东北、华北（秦皇岛一带、北京郊区果园）等地区。日本、朝鲜、越南也有。适生于潮湿地或林缘阴湿地处，常见于农田、果园、沟边、路旁等湿润处，适应性很强，常成单一群落，主要危害旱作物，如大豆、玉米、谷子、小麦、蔬菜以及果树。

3 种子管理

3.1 每年10月的上、中旬分批采集鸭跖草成熟种子。

3.2 将采集的种子置于室内自然条件下风干、越冬，翌年4月份测种子发芽率并置于冰箱4℃条件下保存，每隔1个月定期检测种子发芽率。

3.3 实验用种子2年更换1次。

3.4 保存种子编号，注明名称、采集时间、发芽率，种子间谨防混杂。

4 栽培与管理

4.1 用具：口径9.5cm、深8cm花盆，底盘，试验架等。

4.2 土壤：试验用土为未用药地块收集的试验专用土，土壤类型以壤土为优，花肥拌沙混用。

4.3 装土：将土壤装至花盆的3/4。

4.4 浸土：将花盆置于盛有5cm深水的不锈钢盆内，水从花盆底部向上渗透，使土壤完全湿润。

4.5 播种：将花盆取出置于底盘内，将鸭跖草种子均匀撒播于花盆内，保证每盆20～30粒种子。

4.6 覆土：种子上覆1cm左右厚混沙细土。

4.7 培育：置于温室中培养，温室中温度保持在15～35℃，空气湿度50%以上。

4.8 浇水：从花盆底部加水，使土壤保持湿润，含水量在20%～30%。

4.9 待鸭跖草长至适龄即可用作试验处理，茎叶处理的试材在处理前需要定植。

SOP-SC-3078 扁杆藨草

Pesticide Bioassay Testing SOP for Flatstalk Bulrush

1 适用范围

本规范适用于杂草扁穗藨草（*Scirpus planiculmis* Fr. Schmidt）的种子采集、保存与培养。

2 分类地位及生物学特性

扁穗藨草（*Scirpus planiculmis* Fr. Schmidt），又名扁杆藨草，英文名 flatstalk bulrush。属于莎草科（Cyperaceae）藨草属（*Scirpus* L.）。为多年生草本。种子及块茎繁殖。秋熟杂草。种子萌发从 10℃开始，最适温度为 20～30℃；当年种子处于休眠状态，寿命约 5～6 年，种子随风、流水或混杂粪肥和稻种传播。

分布于东北、华北、华东、华南及西北等地；朝鲜、日本、俄罗斯远东地区及欧洲也有。是稻田的恶性杂草，危害严重，常生长于湿地、河岸、沼泽等处。

3 种子管理

3.1 每年 9 月的上、中旬采集扁杆藨草成熟种子。

3.2 将采集的种子置于室内自然条件下风干、越冬，翌年 4 月份测种子发芽率并置于冰箱 4℃条件下保存，每隔 1 个月定期检测种子发芽率。

3.3 实验用种子 3 年更换 1 次。

3.4 保存种子编号，注明名称、采集时间、发芽率，种子间谨防混杂。

4 栽培与管理

4.1 用具：口径 9.5cm、深 8cm 花盆等，不锈钢盆等底盘，试验架等。

4.2 土壤：试验用土为未用药地块收集的试验专用土，土壤类型以壤土为优，花肥拌沙混用。

4.3 装土：将土壤装至花盆的 3/4。

4.4 浸土：将花盆置于盛有 5cm 深水的大不锈钢盆内，水从花盆底部向上渗透，使土壤完全湿润。

4.5 播种：将花盆取出置于小不锈钢盆内，将苍耳种子均匀撒播于花盆内，保证每盆 20 粒种子。

4.6 覆土：种子上覆 1cm 左右厚混沙细土。

4.7 培育：置于温室培养，温室中温度保持在 15～35℃。

4.8 浇水：从花盆底部加水，使土壤保持湿润，含水量在 20%～30%。

4.9 待扁杆藨草长至适龄即可用作试验处理，茎叶处理的试材在处理前需要定植。

SOP-SC-3079 异型莎草

Pesticide Bioassay Testing SOP for Smallflower Segde

1 适用范围

本规范适用于杂草异型莎草（*Cyperus difformis* L.）的种子采集、保存与培养。

2 分类地位及生物学特性

异型莎草（*Cyperus difformis* L.），英文名 smallflower sedge。属于莎草科（Cyperaceae）莎草属（*Cyperus* L.）。为一年生草本。种子繁殖。秋熟杂草。种子萌发从 10℃开始，最适温度为 20～30℃；适宜土层深度为 0～1cm；要求土壤湿度高，当土壤含水量在 40%～50%时发芽最好。5～6 月出苗，7～10 月种子渐次成熟。种子寿命较长。

分布于我国大部分省区。生长于湿地、河岸及路边，也生长于田边及路埂上，主要危害水稻，长江以南地区受害较重。

3 种子管理

3.1 每年 10 月的上、中旬分批采集异型莎草成熟种子。

3.2 将采集的种子置于室内自然条件下风干、越冬，翌年 4 月份测种子发芽率并置于冰箱 4℃条件下保存，每隔 1 个月定期检测种子发芽率。

3.3 实验用种子 2 年更换 1 次。

3.4 保存种子编号，注明名称、采集时间、发芽率，种子间谨防混杂。

4 栽培与管理

4.1 用具：一次性塑料杯、不锈钢试验盆和试验架等。

4.2 土壤：试验用土为未用药地块收集的试验专用土，土壤类型以壤土为优，花肥拌沙混用。

4.3 装土：将土装满一次性塑料杯的 3/4，加水使塑料杯内土壤完全湿润。

4.4 播种：将塑料杯置于不锈钢盆内，将异型莎草种子均匀撒播于塑料杯内，保证每杯 10～20 粒种子。

4.5 覆土：种子上覆 0.3cm 厚混沙细土。

4.6 培育：置于温室培养，温室中温度保持在 15～35℃，空气湿度 50%以上。用喷壶加水，保持土表 0.5cm 水层。

4.7 待异型莎草长至适龄即可用作试验处理，茎叶处理的试材在处理前需要定植。

SOP-SC-3080 水莎草

Pesticide Bioassay Testing SOP for Late Juncellus

1 适用范围

本规范适用于杂草水莎草［*Juncellus serotinus*（Rottb.）C. B. Clarke］的种子采集、保存与培养。

2 分类地位及生物学特性

水莎草［*Juncellus serotinus*（Rottb.）C. B. Clarke］，英文名 late juncellus。属于莎草科（Cyperaceae）水莎草属（*Juncellus* C. B. Clarke）。为多年生草本。种子或根状茎繁殖。秋熟杂草。种子萌发从 10℃开始，最适温度为 20～30℃。苗期 5～6 月，花果期在 9～11 月。小坚果渐次成熟脱落。

广泛分布于我国东北、华北、西北、华东、华中等地，以及福建、广东、海南、广西、贵州、云南等水稻产区，以长江流域地区发生和危害重。朝鲜、日本、印度、欧洲也有。为稻田的主要杂草，其根状茎繁殖力强，防除较为困难，耕作较为粗放的稻田，发生尤为严重。

3 种子管理

3.1 每年 10 月中、下旬采集水莎草成熟种子。

3.2 将采集的种子置于室内自然条件下风干，拌消毒土后一起装入沙网袋内并埋入 13～15cm 土层下进行层积处理，翌年 4 月份取出，洗净晾干后测种子发芽率并置于冰箱 4℃条件下保存，每隔 1 个月定期检测种子发芽率。

3.3 实验用种子 2 年更换 1 次。

3.4 保存种子编号，注明名称、采集时间、发芽率，种子间谨防混杂。

4 栽培与管理

4.1 用具：口径 9.5cm、深 8cm 花盆等，不锈钢盆等底盘，试验架等。

4.2 土壤：试验用土为未用药地块收集的试验专用土，土壤类型以壤土为优，花肥拌沙混用。

4.3 装土：将土壤装至花盆的 3/4。

4.4 浸土：将花盆置于盛有 5cm 深水的大不锈钢盘内，水从花盆底部向上渗透，使土壤完全湿

4.5 播种：将花盆取出置于不锈钢盘内，将水莎草种子均匀撒播于花盆内，保证每盆 15～20 粒种子。

4.6 覆土：种子上覆 1cm 左右厚混沙细土。

4.7 培育：置于温室培养，温室中温度保持在 20～35℃。

4.8 浇水：从花盆底部加水，使土壤保持湿润，含水量在 20%～30%。

4.9 待水莎草长至适龄即可用作试验处理，茎叶处理的试材在处理前需要定植。

SOP-SC-3081 香附子

Pesticide Bioassay Testing SOP for Purple Nutsedge

1 适用范围

本规范适用于杂草香附子（*Cyperus rotundus* L.）的种子采集、保存与培养。

2 分类地位及生物学特性

香附子（*Cyperus rotundus* L.），英文名 purple nutsedge。属于莎草科（Cyperaceae）莎草属（*Cyperus* L.）。为多年生草本。多以块茎繁殖。夏熟杂草。苗期 2～4 月，花果期 5～6 月。种子发芽适宜温度为 5～10℃。喜生于疏松土壤中。

广布全国，也是世界性广布性重要杂草。为秋熟旱作物田杂草，在棉花、大豆、甘薯等苗期大量发生，也是果、桑、茶园的主要杂草。

3 种子管理

3.1 每年 8 月的中、下旬采集香附子成熟种子。

3.2 将采集的种子置于室内自然条件下风干、越冬，翌年 4 月份测种子发芽率并置于冰箱中 4℃条件下保存，每隔 1 个月定期检测种子发芽率。

3.3 实验用种子 2 年更换 1 次。

3.4 保存种子编号，注明名称、采集时间、发芽率，种子间谨防混杂。

4 栽培与管理

4.1 用具：口径 9.5cm、深 8cm 花盆等，不锈钢盆等底盘，试验架等。

4.2 土壤：试验用土为未用药地块收集的试验专用土，土壤类型以壤土为优，花肥拌沙混用。

4.3 装土：将土壤装至花盆的 3/4。

4.4 浸土：将花盆置于盛有 5cm 深水的大不锈钢盆内，水从花盆底部向上渗透，使土壤完全湿润。

4.5 播种：将花盆取出置于小不锈钢盆内，将香附子种子均匀撒播于花盆内，保证每盆 20 粒种子。

4.6 覆土：种子上覆 1cm 左右厚混沙细土。

4.7 培育：置于温室培养，温室中温度保持在 10～25℃。

4.8 浇水：从花盆底部加水，使土壤保持湿润，含水量在 20％～30％。

4.9 待香附子长至适龄即可用作试验处理，茎叶处理的试材在处理前需要定植。

SOP-SC-3082 蛋白核小球藻

Pesticide Bioassay Testing SOP for Algae

1 适用范围

本规范适用于杂草蛋白核小球藻（*Chlorella pyrenoidosa*）的种子采集、保存与培养。

2 分类地位

蛋白核小球藻（*Chlorella pyrenoidosa*），英文名 algae。属于绿藻门（Chlorophyta）绿藻纲（Chlorophyceae）小球藻属（*Chlorella*）。

3 种子管理

3.1 保种：将原种移接到新鲜无菌的水生 4 号培养基（成分见 3.2）中振荡培养 3d，然后保存在 4℃冰箱中备用。每月转管 1 次，并在显微镜下观察有无杂藻感染。

3.2 水生 4 号培养基制作标准

3.2.1 水生 4 号培养基成分组成见下表：

3.2.2 水生 4 号培养基的使用：试验前将大量元素、微量元素和 $FeCl_3$ 现用现混，灭菌冷却后接种使用。

水生 4 号培养液配方

培养液成分	剂　量
$(NH_4)_2SO_4$	0.2g/L
$MgSO_4 \cdot 7H_2O$	0.08g/L
KCl	0.023g/L
$Ca(H_2PO_4)_2 \cdot H_2O$	0.54g/5L
$CaSO_4 \cdot H_2O$	0.66g/5L
$NaHCO_3$	0.1g/L
$FeCl_3$(1%)	0.15mL/L
微量元素 A_3 液	0.5mL/L

微量元素 A_3 液的配制

培养液成分	剂　量/(g/L)
$MnCl_2 \cdot 4H_2O$	1.81
$ZnSO_4 \cdot 7H_2O$	0.222
$CuSO_4 \cdot 5H_2O$	0.079
H_3BO_3	2.86
$Na_2MoO_4 \cdot 2H_2O$	0.391

3.3 藻液预培养

在试验前，将备用藻种无菌操作转瓶培养，藻种接种到含 50mL 水生 4 号培养基的 250mL 锥形瓶中，用 4 层无菌纱布封口，在温度 25℃、光照度 5000lx、持续光照和 100r/min 旋转振荡的条件下预培养 3d，使藻细胞快速生长和繁殖，待长浓后，离心弃去上清液，将所得藻再次接入新鲜培养液中培养。如此连续接种 3 次使藻细胞生长一致后，如镜检细胞生长正常而纯净，便可供试验使用。

第二部分

应用技术篇

（一）除草剂新化合物评价方法

SOP-SC-3083 除草剂普筛苗后喷雾处理法

Pesticide Bioassay Testing SOP for
Post-emergence treatment forherbicidegeneral screen

1 目的和适用范围

明确供试化合物是否具有杀草活性，并初步了解其杀草谱（禾本科杂草与阔叶杂草）。本方法为测定新化合物综合杀草活性的方法。

2 供试杂草及测定方法

杂草种类		处理叶龄	处理方法	代号
单子叶	稗草 *Echinochloa crus galli*(L.)Beauv.	1～1.5 叶期	茎叶处理	BYG
	马唐 *Digitaria sanguinalis*(L.)Scop	1～1.5 叶期	茎叶处理	CRG
	狗尾草 *Setaria viridis*(L.)Beauv.	1～1.5 叶期	茎叶处理	GBG
双子叶	百日草 *Zinnia elegans* Jacq.	子叶完全展开，真叶开始伸展	茎叶处理	YOA
	苘麻 *Abuliton theophrasti* Medic	子叶完全展开，真叶开始伸展	茎叶处理	COW
	决明 *Cassia tora*	子叶完全展开，真叶开始伸展	茎叶处理	MIS

3 标准药剂的选择及空白对照的设定

标准药剂应用原药，选择 2～4 种作用机制和作用方式不同的常规药剂作为标准药剂，可供参考使用的标准药剂及用量为：虎威 300g a. i. /hm^2；拿扑净 180g a. i. /hm^2；胺苯黄隆 30g a. i. /hm^2；其他标准药剂可根据具体需要选择种类与使用剂量；并设溶剂对照及空白对照。

4 试验条件

4.1 试验所需设备及器具包括：作物喷雾机，1m 不锈钢卷尺，电子天平，烧杯 50mL 及 100mL，玻璃棒，调匙（称量固体药品）或一次性塑料移液管（称量液体药品），量筒，数字单道连续式移液枪 0.2～1mL 及 1～5mL，记号笔，大瓷盘，滤纸等。

4.2 溶剂：丙酮-二甲基甲酰胺（1∶1）的混合溶剂，含 1‰吐温-80 的静置自来水。

5 样品称量与配制

5.1 化合物的称量

天平预热 30min 后开启、校正调零。根据普筛试验要求用万分之一（精确到 0.1mg）电子天平准确称取供试化合物 225mg 于称量瓶内。

5.2 供试药剂的配制

用规格为 1～5mL 的数字单道连续式移液枪量取 2mL 丙酮-二甲基甲酰胺（1∶1）混合溶剂于盛有新化合物的称量瓶，充分振荡、搅拌，使其充分溶解，必要时可使用旋涡振荡器。然后加入 48mL 的含有 1‰吐温-80 的自来水，混合均匀后得到 4500μg/mL（2250g a.i./hm^2）待测液。

6 标准药剂的配制

如果标准药剂为原药（或原油），采取与新化合物相同的配制方法。如果选用制剂，则首先加入 1‰吐温-80 的自来水 48mL，然后再加入 2mL 丙酮-二甲基甲酰胺（1∶1）混合溶剂。

7 喷雾设置

喷雾压力：1.95kgf/cm^2（1kgf/cm^2＝98066.5Pa）；

喷液量：50mL/m^2；

履带速度：30m/s；

喷头高度：45cm；

喷头型号：0.55mm 连体式单嘴喷头。

8 供试杂草的准备

选择生长均匀一致的供试杂草，淋水，然后置于通风大厅，待叶片晾干后即可进行茎叶喷雾处理。

9 处理

9.1 处理前用油性记号笔在杂草培养盆上标记试验代号，并摆放整齐。

9.2 试验处理过程在通风良好的大厅中进行。

9.3 处理时先处理空白对照，后按照试验编号顺序处理供试药剂，最后处理对照药剂。

9.4 喷雾前用 1‰吐温-80 自来水润洗喷液罐及喷雾机管路；每次更换供试药剂时，用 1‰吐温-80 自来水冲洗喷液罐及喷雾机管路（最好冲洗 1 次以上）。

9.5 试验完成后用丙酮-二甲基甲酰胺（1∶1）清洗喷液罐及喷雾机管路，至少 3 次。

10 处理后观察与结果统计

10.1 试材处理后置于通风大厅中晾 2～3h，然后移入温室进行常规培养（处理后三天内不要喷淋试材叶片，最好用渗灌或浇灌的方式给水）。

10.2 处理后 3d、7d、14d、28d 定期观察杂草生长发育情况，对有活性的化合物应观察记载杂草反应的时间、症状以及与对照相比的差异。

10.3 处理 15d 后，目测调查并记载供试杂草的死亡率。对供试杂草的防除率在 80% 以上进入初筛。

11　原始记录及报告形成

试验调查结果记录在原始记录本上，完成后调查人签名。将试验结果输入计算机相应程序进行保存，最后按照有关格式完成试验报告。

12　归档

试验原始记录和试验报告按照规定程序进行归档管理。

SOP-SC-3084 除草剂普筛苗前喷雾处理法

Pesticide Bioassay Testing SOP for Pre-emergence reatment ofherbicidegeneral screen

1 目的和适用范围

明确供试化合物是否具有杀草活性，并初步了解其杀草谱（禾本科杂草与阔叶杂草）。本方法为测定新化合物综合杀草活性的方法。

2 供试杂草及测定方法

杂草种类		处理时期	处理方法	代号
单子叶	稗草 *Echinochloa crusgalli*(L.)Beauv.	播种后 12h	土壤处理	BYG
	马唐 *Digitaria sanguinalis*(L.)Scop	播种后 12h	土壤处理	CRG
	狗尾草 *Setaria viridis*(L.)Beauv.	播种后 12h	土壤处理	GBG
双子叶	百日草 *Zinnia elegans* Jacq.	播种后 12h	土壤处理	YOA
	苘麻 *Abuliton theophrasti* Medic	播种后 12h	土壤处理	COW
	决明 *Cassia tora*	播种后 12h	土壤处理	MIS

3 标准药剂的选择及空白对照的设定

标准药剂应用原药，选择 2～4 种作用机制和作用方式不同的常规药剂作为标准药剂，可供参考使用的标准药剂及用量为：氟磺胺草醚（虎威）300g（a. i.）/hm^2；烯禾定（拿扑净）180g（a. i.）/hm^2；胺苯黄隆 30g（a. i.）/hm^2；其他标准药剂可根据具体需要选择种类与使用剂量；并设溶剂对照及空白对照。

4 试验条件

4.1 试验所需设备及器具包括：作物喷雾机，1m 不锈钢卷尺，电子天平，烧杯 50mL 及 100mL，玻璃棒，调匙（称量固体药品）或一次性塑料移液管（称量液体药品），量筒，数字单道连续式移液枪 0.2～1mL 及 1～5mL，记号笔，大瓷盘，滤纸等。

4.2 溶剂：丙酮-二甲基甲酰胺（1∶1）的混合溶剂，含 1‰吐温-80 的静置自来水。

5 样品称量与配制

5.1 化合物的称量

天平预热 30min 后开启、校正调零。根据普筛试验要求用万分之一（精确到 0.1mg）电子天平准确称取供试化合物 225mg 于称量瓶内。

5.2 供试药剂的配制

用规格为 1～5mL 的数字单道连续式移液枪量取 2mL 丙酮-二甲基甲酰胺（1∶1）混合

溶剂于盛有新化合物的称量瓶，充分振荡、搅拌，使其充分溶解，必要时可使用旋涡振荡器。然后加入 48mL 含有 1‰吐温-80 的自来水，混合均匀后得到 4500μg/mL（2250g a.i./hm^2）待测液。

6 标准药剂的配制

如果标准药剂为原药（或原油），采取与新化合物相同的配制方法。如果选用制剂，则首先加入 1‰吐温-80 的自来水 48mL，然后再加入 2mL 丙酮-二甲基甲酰胺（1∶1）混合溶剂。

7 喷雾设置

喷雾压力：1.95kgf/cm^2；
喷液量：50mL/m^2；
履带速度：30m/s；
喷头高度：45cm；
喷头型号：0.55mm 连体式单嘴喷头。

8 供试杂草的准备

处理前 12h 将供试杂草均匀一致地播种在 100cm^2 的塑料方盆内，覆土淋水至土壤水分饱和，然后置于通风大厅，待处理。

9 处理

9.1 处理前用油性记号笔在杂草培养盆上标记试验代号，并摆放整齐。

9.2 试验处理过程在通风良好的大厅中进行。

9.3 处理时先处理空白对照，后按照试验编号顺序处理供试药剂，最后处理对照药剂。

9.4 喷雾前用 1‰吐温-80 自来水润洗喷液罐及喷雾机管路；每次更换供试药剂时，用 1‰吐温-80 自来水冲洗喷液罐及喷雾机管路（最好冲洗 1 次以上）。

9.5 试验完成后用丙酮-二甲基甲酰胺（1∶1）清洗喷液罐及喷雾机管路，至少三次。

10 处理后观察与结果统计

10.1 试材处理后置于通风大厅中晾 2～3h，然后移入温室进行常规培养（处理后 3d 内不要喷淋试材叶片，最好用渗灌或浇灌的方式给水）。

10.2 处理后 3d、7d、14d、28d 定期观察杂草出苗情况及出苗后的生长发育情况。对有活性的化合物应观察记载杂草反应的时间、症状以及与对照相比的差异。

10.3 处理 15d 后，目测调查并记载供试杂草的出苗率，并计算与对照相比的杂草防除率，对供试杂草的防除率在 80%以上进入初筛。

11 原始记录及报告形成

试验调查结果记录在原始记录本上，完成后调查人签名。将试验结果输入计算机相应程序进行保存，最后按照有关格式完成试验报告。

12 归档

试验原始记录和试验报告按照规定程序进行归档管理。

SOP-SC-3085 除草剂初筛苗后喷雾处理法

Pesticide Bioassay Testing SOP for Post-emergence treatment of herbicide primary screen

1 目的和适用范围

评价供试新化合物苗后除草活性高低，并初步了解其杀草谱（禾本科杂草与阔叶杂草），为除草剂的新品种创制服务。

2 供试杂草及测定方法

杂草种类		处理叶龄	处理方法	代号
单子叶	稗草 *Echinochloa crusgalli*(L.)Beauv.	1～1.5叶期	茎叶处理	BYG
	马唐 *Digitaria sanguinalis*(L.)Scop	1～1.5叶期	茎叶处理	CRG
	狗尾草 *Setaria viridis*(L.)Beauv.	1～1.5叶期	茎叶处理	GBG
双子叶	百日草 *Zinnia elegans* Jacq.	子叶完全展开，真叶开始伸展	茎叶处理	YOA
	苘麻 *Abuliton theophrasti* Medic	子叶完全展开，真叶开始伸展	茎叶处理	COW
	决明 *Cassia tora*	子叶完全展开，真叶开始伸展	茎叶处理	MIS

3 标准药剂的选择及空白对照的设定

标准药剂应用原药，选择与供试化合物活性或作用方式类似的除草剂作为标准药剂，根据具体需要确定其使用剂量；并设溶剂对照及空白对照。

4 试验条件

4.1 试验所需设备及器具包括：作物喷雾机，1m不锈钢卷尺，电子天平，烧杯50mL及100mL，玻璃棒，调匙（称量固体药品）或一次性塑料移液管（称量液体药品），量筒，数字单道连续式移液枪0.2～1mL及1～5mL，记号笔，大瓷盘，滤纸等。

4.2 溶剂：丙酮-二甲基甲酰胺（1∶1）的混合溶剂，含1‰吐温-80的静置自来水。

5 样品称量与配制

5.1 化合物的称量

天平预热30min后开启、校正调零。根据初筛试验要求用万分之一（精确到0.1mg）电子天平分别准确称取供试化合物60mg、15mg、3.8mg于称量瓶内。

5.2 供试药剂的配制

用规格为1～5mL的数字单道连续式移液枪分别量取2mL丙酮-二甲基甲酰胺（1∶1）混合溶剂于盛有新化合物的称量瓶，充分振荡、搅拌，使其充分溶解，必要时可使用旋涡振荡器。然后分别加入48mL的含有1‰吐温-80的静置自来水，混合均匀后得到浓度分别为

1200μg/mL（600g a.i./hm^2）、300μg/mL（150g a.i./hm^2）、76μg/mL（38g a.i./hm^2）的待测液。

6 标准药剂的配制

如果标准药剂为原药（或原油），采取与新化合物相同的配制方法。如果选用制剂，则首先加入1‰吐温-80的自来水48mL，然后再加入2mL丙酮-二甲基甲酰胺（1∶1）混合溶剂。

7 喷雾设置

喷雾压力（spray pressure）：1.95kgf/cm^2；
喷液量（spray volume）：50mL/m^2；
履带速度（trolley speed）：30m/s；
喷头高度（height）：45cm；
喷头型号（nozzle）：0.55mm连体式单嘴喷头。

8 供试杂草的准备

选择生长均匀一致的杂草，淋水，然后置于通风大厅，待叶片晾干后即可进行茎叶喷雾处理。

9 处理

9.1 处理前用油性记号笔在杂草培养盆上标记试验代号，并摆放整齐。

9.2 试验处理过程在通风良好的大厅中进行。

9.3 处理时先处理空白对照，后按照试验编号顺序处理供试药剂，最后处理对照药剂。

9.4 喷雾前用1‰吐温-80自来水清洗喷药罐及喷雾机管路；每次更换供试药剂时，用1‰吐温-80自来水冲洗喷药罐及喷雾机管路（最好冲洗1次以上）。

9.5 试验完成后用丙酮-二甲基甲酰胺（1∶1）清洗喷药罐及喷雾机管路，至少3次。

10 处理后观察与结果统计

10.1 试材处理后置于通风大厅中晾2～3h，然后移入温室进行常规培养（处理后3d内不要喷淋试材叶片，最好用渗灌或浇灌的方式给水）。

10.2 处理后3d、7d、14d、28d定期观察杂草生长发育情况，对有活性的化合物应观察记载杂草反应的时间、症状以及与对照相比的差异。

10.3 处理15d后，目测调查供试杂草的死亡率。对供试杂草的防除率在80%以上进入复筛。

11 原始记录及报告形成

试验调查结果记录在原始记录本上，完成后调查人签名。将试验结果输入计算机相应程序进行保存，最后按照有关格式完成试验报告。

12 归档

试验原始记录和试验报告按照规定程序进行归档管理。

SOP-SC-3086 除草剂初筛苗前喷雾处理法

Pesticide Bioassay Testing SOP for Pre-emergence treatment ofherbicide primary screen

1 目的和适用范围

评价供试新化合物苗前除草活性高低，并初步了解其杀草谱（禾本科杂草与阔叶杂草），为除草剂的新品种创制服务。

2 供试杂草及测定方法

杂草种类		处理时期	处理方法	代号
单子叶	稗草 *Echinochloa crusgalli*(L.)Beauv.	播种后 12h	土壤处理	BYG
	马唐 *Digitaria sanguinalis*(L.)Scop	播种后 12h	土壤处理	CRG
	狗尾草 *Setaria viridis*(L.)Beauv.	播种后 12h	土壤处理	GBG
双子叶	百日草 *Zinnia elegans* Jacq.	播种后 12h	土壤处理	YOA
	苘麻 *Abuliton theophrasti* Medic	播种后 12h	土壤处理	COW
	决明 *Cassia tora*	播种后 12h	土壤处理	MIS

3 标准药剂的选择及空白对照的设定

标准药剂应用原药，选择与供试化合物活性或作用方式类似的除草剂作为标准药剂，根据具体需要确定其使用剂量；并设溶剂对照及空白对照。

4 试验条件

4.1 试验所需设备及器具包括：作物喷雾机，1m 不锈钢卷尺，电子天平，烧杯（50mL、100mL），玻璃棒，调匙（称量固体药品）或一次性塑料移液管（称量液体药品），量筒，数字单道连续式移液枪 0.2～1mL 及 1～5mL，记号笔，大瓷盘，滤纸等。

4.2 溶剂：丙酮-二甲基甲酰胺（1∶1）的混合溶剂，含 1‰吐温-80 的静置自来水。

5 样品称量与配制

5.1 化合物的称量

天平预热 30min 后开启、校正调零。根据初筛试验要求用万分之一（精确到 0.1mg）电子天平分别准确称取供试化合物 60mg、15mg、3.8mg 于称量瓶内。

5.2 供试药剂的配制

用规格为 1～5mL 的数字单道连续式移液枪分别量取 2mL 丙酮-二甲基甲酰胺（1∶1）混合溶剂于盛有新化合物的称量瓶，充分振荡、搅拌，使其充分溶解，必要时可使用旋涡振荡器。然后分别加入 48mL 的含有 1‰吐温-80 的静置自来水，混合均匀后得到浓度分别为

1200μg/mL（600g a.i./hm²）、300μg/mL（150g a.i./hm²）、76μg/mL（38g a.i./hm²）的待测液。

6 标准药剂的配制

如果标准药剂为原药（或原油），采取与新化合物相同的配制方法。如果选用制剂，则首先加入1‰吐温-80的自来水48mL，然后再加入2mL丙酮-二甲基甲酰胺（1∶1）混合溶剂。

7 喷雾设置

喷雾压力（spray pressure）：1.95kgf/cm²；

喷液量（spray volume）：50mL/m²；

履带速度（trolley speed）：30m/s；

喷头高度（height）：45cm；

喷头型号（nozzle）：0.55mm连体式单嘴喷头。

8 供试杂草的准备

处理前12h将供试杂草均匀一致地播种在100cm²的塑料方盆内，覆土淋水至土壤水分饱和，然后置于通风大厅，待处理。

9 处理

9.1 处理前用油性记号笔在杂草培养盆上标记试验代号，并摆放整齐。

9.2 试验处理过程在通风良好的大厅中进行。

9.3 处理时先处理空白对照，后按照试验编号顺序处理供试药剂，最后处理对照药剂。

9.4 喷雾前用1‰吐温-80自来水清洗喷药罐及喷雾机管路；每次更换供试药剂时，用1‰吐温-80自来水冲洗喷液罐及喷雾机管路（最好冲洗1次以上）。

9.5 试验完成后用丙酮-二甲基甲酰胺（1∶1）清洗喷药罐及喷雾机管路，至少3次。

10 处理后观察与结果统计

10.1 试材处理后置于通风大厅中晾2～3h，然后移入温室进行常规培养（处理后3d内不要喷淋试材叶片，最好用渗灌或浇灌的方式给水）。

10.2 处理后3d、7d、14d、28d定期观察杂草出苗情况及出苗后的生长发育情况。对有活性的化合物应观察记载杂草反应的时间、症状以及与对照相比的差异。

10.3 处理15d后，目测调查并记载供试杂草的出苗率，并计算与对照相比的杂草防除率，对供试杂草的防除率在80%以上进入复筛。

11 原始记录及报告形成

试验调查结果记录在原始记录本上，完成后调查人签名。将试验结果输入计算机相应程序进行保存，最后按照有关格式完成试验报告。

12 归档

试验原始记录和试验报告按照规定程序进行归档管理。

SOP-SC-3087 除草剂复筛苗前喷雾处理法

Pesticide Bioassay Testing SOP for Pre-emergence treatment ofherbicide secondary screen

1 目的和适用范围

初步确定供试新化合物苗前除草活性范围，及对作物的安全性，为除草剂的新品种创制服务。

2 供试靶标及测定方法

2.1 供试杂草

杂草种类		处理时期	处理方法	代号
单子叶	稗草 *Echinochloa crusgalli*(L.)Beauv.	播种后12h	土壤处理	BYG
	马唐 *Digitaria sanguinalis*(L.)Scop	播种后12h	土壤处理	CRG
	狗尾草 *Setaria viridis*(L.)Beauv.	播种后12h	土壤处理	GBG
双子叶	百日草 *Zinnia elegans* Jacq.	播种后12h	土壤处理	YOA
	苘麻 *Abuliton theophrasti* Medic	播种后12h	土壤处理	COW
	决明 *Cassia tora*	播种后12h	土壤处理	MIS

2.2 供试作物

作物种类		处理时期	处理方法
单子叶	小麦 *Triticum aestivum* Linn.	播种后12h	土壤处理
	玉米 *Zea mays*	播种后12h	土壤处理
	水稻 *Oryza sativa* L.	播种后12h	土壤处理
双子叶	大豆 *Glycine max*	播种后12h	土壤处理
	油菜 *Brassica campestris* L.	播种后12h	土壤处理
	棉花 *Gossypium* spp.	播种后12h	土壤处理

3 标准药剂的选择及空白对照的设定

标准药剂应用原药，选择与供试化合物活性或作用方式类似的除草剂作为标准药剂，根据具体需要确定其使用剂量；并设溶剂对照及空白对照。

4 试验条件

4.1 试验所需设备及器具包括：作物喷雾机，1m不锈钢卷尺，电子天平，烧杯(50mL、100mL)，玻璃棒，调匙（称量固体药品）或一次性塑料移液管（称量液体药品），量筒，数字单道连续式移液枪0.2～1mL及1～5mL，记号笔，大瓷盘，滤纸等。

4.2 溶剂：丙酮-二甲基甲酰胺（1∶1）的混合溶剂，含1‰吐温-80的静置自来水。

5 样品称量与配制

5.1 化合物的称量

天平预热 30min 后开启、校正调零。根据复筛试验要求用万分之一（精确到 0.1mg）电子天平分别准确称取不同量的供试化合物于称量瓶内。

5.2 供试药剂的配制

用规格为 1～5mL 的数字单道连续式移液枪分别量取 2mL 丙酮-二甲基甲酰胺（1∶1）混合溶剂于盛有新化合物的称量瓶，充分振荡、搅拌，使其充分溶解，必要时可使用旋涡振荡器。然后分别加入含有 1‰吐温-80 的静置自来水，配制成不同剂量的待测处理液。试验设 5 个剂量。

6 标准药剂的配制

如果标准药剂为原药（或原油），采取与新化合物相同的配制方法。如果选用制剂，则首先加入 1‰吐温-80 的自来水 48mL，然后再加入 2mL 丙酮-二甲基甲酰胺（1∶1）混合溶剂。

7 喷雾设置

喷雾压力（spray pressure）：1.95kgf/cm^2；

喷液量（spray volume）：50mL/m^2；

履带速度（trolley speed）：30m/s；

喷头高度（height）：45cm；

喷头型号（nozzle）：0.55mm 连体式单嘴喷头。

8 供试杂草的准备

处理前 12h 将供试杂草均匀一致地播种在 100cm^2 的塑料方盆内，覆土淋水至土壤水分饱和，然后置于通风大厅，待处理。

9 处理

9.1 处理前用油性记号笔在杂草培养盆上标记试验代号，并摆放整齐。

9.2 试验处理过程在通风良好的大厅中进行。

9.3 处理时先处理空白对照，后按照试验编号顺序处理供试药剂，最后处理对照药剂。

9.4 喷雾前用 1‰吐温-80 自来水清洗喷药罐及喷雾机管路；每次更换供试药剂时，用 1‰吐温-80 自来水冲洗喷液罐及喷雾机管路（最好冲洗 1 次以上）。

9.5 试验完成后用丙酮-二甲基甲酰胺（1∶1）清洗喷药罐及喷雾机管路，至少 3 次。

10 处理后观察与结果统计

10.1 试材处理后置于通风大厅中晾 2～3h，然后移入温室进行常规培养（处理后 3d 内不要喷淋试材叶片，最好用渗灌或浇灌的方式给水）。

10.2 处理后 3d、7d、14d、28d 定期观察杂草出苗情况及出苗后的生长发育情况。对有活性的化合物应观察记载杂草反应的时间、症状以及与对照相比的差异。

10.3 处理 15d 后，目测调查并记载供试杂草和供试作物的出苗率及株高抑制率。

11 原始记录及报告形成

试验调查结果记录在原始记录本上，完成后调查人签名。将试验结果输入计算机相应程序进行保存，最后按照有关格式完成试验报告。

12 归档

试验原始记录和试验报告按照规定程序进行归档管理。

SOP-SC-3088 除草剂复筛苗后喷雾处理法

Pesticide Bioassay Testing SOP for
Post-emergence treatment ofherbicide secondary screen

1 目的和适用范围

初步确定供试新化合物苗后除草活性范围，及对作物的安全性，为除草剂的新品种创制服务。

2 供试靶标及测定方法

2.1 供试杂草

<table>
<tr><th colspan="2">杂草种类</th><th>处理时期</th><th>处理方法</th></tr>
<tr><td rowspan="3">单子叶</td><td>稗草
Echinochloa crusgalli(L.)Beauv.</td><td>2～3 叶期</td><td>苗后处理</td></tr>
<tr><td>马唐
Digitaria sanguinalis(L.)Scop</td><td>2～3 叶期</td><td>苗后处理</td></tr>
<tr><td>狗尾草
Setaria viridis(L.)Beauv.</td><td>2～3 叶期</td><td>苗后处理</td></tr>
<tr><td rowspan="3">双子叶</td><td>百日草
Zinnia elegans Jacq.</td><td>2 片真叶期</td><td>苗后处理</td></tr>
<tr><td>苘麻
Abuliton theophrasti Medic</td><td>2 片真叶期</td><td>苗后处理</td></tr>
<tr><td>决明
Cassia tora</td><td>2 片真叶期</td><td>苗后处理</td></tr>
</table>

2.2 供试作物

<table>
<tr><th colspan="2">作物种类</th><th>处理时期</th><th>处理方法</th></tr>
<tr><td rowspan="3">单子叶</td><td>小麦 *Triticum aestivum* Linn.</td><td>2～3 叶期</td><td>苗后处理</td></tr>
<tr><td>玉米 *Zea mays*</td><td>2～3 叶期</td><td>苗后处理</td></tr>
<tr><td>水稻 *Oryza sativa* L.</td><td>2～3 叶期</td><td>苗后处理</td></tr>
<tr><td rowspan="3">双子叶</td><td>大豆 *Glycine max*</td><td>2 片真叶期</td><td>苗后处理</td></tr>
<tr><td>油菜 *Brassica campestris* L.</td><td>2 片真叶期</td><td>苗后处理</td></tr>
<tr><td>棉花 *Gossypium* spp.</td><td>2 片真叶期</td><td>苗后处理</td></tr>
</table>

3 标准药剂的选择及空白对照的设定

标准药剂应用原药，选择与供试化合物活性或作用方式类似的除草剂作为标准药剂，根据具体需要确定其使用剂量；并设溶剂对照及空白对照。

4 试验条件

4.1 试验所需设备及器具包括：作物喷雾机，1m 不锈钢卷尺，电子天平，烧杯

(50mL、100mL)，玻璃棒，调匙（称量固体药品）或一次性塑料移液管（称量液体药品），量筒，数字单道连续式移液枪 0.2～1mL 及 1～5mL，记号笔，大瓷盘，滤纸等。

4.2 溶剂：丙酮-二甲基甲酰胺（1∶1）的混合溶剂，含 1‰吐温-80 的静置自来水。

5 样品称量与配制

5.1 化合物的称量

天平预热 30min 后开启、校正调零。根据复筛试验要求用万分之一（精确到 0.1mg）电子天平分别准确称取不同量的供试化合物于称量瓶内。

5.2 供试药剂的配制

用规格为 1～5mL 的数字单道连续式移液枪分别量取 2mL 丙酮-二甲基甲酰胺（1∶1）混合溶剂于盛有新化合物的称量瓶，充分振荡、搅拌，使其充分溶解，必要时可使用旋涡振荡器。然后分别加入含有 1‰吐温-80 的静置自来水，配制成不同剂量的待测处理液。试验设 5 个剂量。

6 标准药剂的配制

如果标准药剂为原药（或原油），采取与新化合物相同的配制方法。如果选用制剂，则首先加入 1‰吐温-80 的自来水 48mL，然后再加入 2mL 丙酮-二甲基甲酰胺（1∶1）混合溶剂。

7 喷雾设置

喷雾压力（spray pressure）：1.95kgf/cm^2；

喷液量（spray volume）：50mL/m^2；

履带速度（trolley speed）：30m/s；

喷头高度（height）：45cm；

喷头型号（nozzle）：0.55mm 连体式单嘴喷头。

8 供试杂草的准备

选择生长均匀的杂草，淋水，然后置于通风大厅，待叶片晾干后即可进行茎叶喷雾处理。

9 处理

9.1 处理前用油性记号笔在杂草培养盆上标记试验代号，并摆放整齐。

9.2 试验处理过程在通风良好的大厅中进行。

9.3 处理时先处理空白对照，后按照试验编号顺序处理供试药剂，最后处理对照药剂。

9.4 喷雾前用 1‰吐温-80 自来水清洗喷药罐及喷雾机管路；每次更换供试药剂时，用 1‰吐温-80 自来水冲洗喷液罐及喷雾机管路（最好冲洗 1 次以上）。

9.5 试验完成后用丙酮-二甲基甲酰胺（1∶1）清洗喷药罐及喷雾机管路，至少 3 次。

10 处理后观察与结果统计

10.1 试材处理后置于通风大厅中晾 2～3h，然后移入温室进行常规培养（处理后 3d 内不要喷淋试材叶片，最好用渗灌或浇灌的方式给水）。

10.2 处理后3d、7d、14d、28d定期观察杂草出苗情况及出苗后的生长发育情况。对有活性的化合物应观察记载杂草反应的时间、症状以及与对照相比的差异。

10.3 处理15d后，目测调查并记载供试杂草和供试作物的出苗率及株高抑制率。

11 原始记录及报告形成

试验调查结果记录在原始记录本上，完成后调查人签名。将试验结果输入计算机相应程序进行保存，最后按照有关格式完成试验报告。

12 归档

试验原始记录和试验报告按照规定程序进行归档管理。

（二）除草剂室内生物活性测定方法

SOP-SC-3089 高粱法（一）

Pesticide Bioassay Testing SOP for Sorghum Method I

1 适用范围

本规范适用于测定除草剂的生物活性，测定不同加工剂型、混用及增效剂对除草剂活性的影响以及比较作用方式相近的除草剂品种之间的活性大小。

本规范适用于绝大多数非光合作用抑制型除草剂的活性测定研究。

2 试验条件

2.1 试验靶标：高粱，选择常规栽培品种。

2.2 仪器设备：恒温箱，人工气候箱或植物生长箱（温度范围 10～60℃、相对湿度范围 50%～90%），电子天平（精确度 0.1mg），不锈钢盘或瓷盘，发芽盒，各种规格的移液加样器（称量液体药品），直径 9cm 的培养皿，石英砂等。

3 试材准备

将均匀一致的高粱种子放入发芽盒中，在 25℃条件下的恒温箱中浸泡 12h，滤出，放入发芽盒中，在（28±2）℃的恒温箱中催芽至种子 80%露白。

4 操作步骤

4.1 取直径 9cm 培养皿，底铺 2 张滤纸；用油性记号笔编号，每处理重复 3 次。

4.2 选 10 粒发芽一致的饱满高粱种子摆放于培养皿内，每粒种子的胚根与胚芽的方向要保持一致。

4.3 用移液管向培养皿内加入 9mL 系列浓度的药液，并充分将种子浸着药液。

4.4 将处理后的培养皿置于人工气候箱内，在温度（25±2）℃、相对湿度 80%～90%、光照 3000lx、光照周期昼：夜为 14：10 条件下培养生长 5d，调查。

5 调查

试材生长 5d 后取出幼苗，用直尺测量高粱幼苗根与茎的长度，并记录药害症状。

6 结果统计

计算出各处理高粱根与茎的平均长度，用下列公式计算出各处理的生长抑制率。

$$\text{生长抑制率}=\frac{\text{对照的茎长或根长}-\text{处理的茎长或根长}}{\text{对照的茎长或根长}}\times 100\%$$

然后，用标准 DPS 统计软件进行回归分析，获得药剂浓度与生长抑制率之间的剂量—反应回归模式，计算 ID_{90}、ID_{50} 值。

7 原始记录内容

7.1 填写调查时间及试验条件等事宜。

7.2 试验人员签名。

7.3 试验负责人审核、签名。

8 记录归档

SOP-SC-3090 高粱法（二）

Pesticide Bioassay Testing SOP for Sorghum Method Ⅱ

1 适用范围

本规范适用于测定除草剂的生物活性，测定不同加工剂型、混用及增效剂对除草剂活性的影响以及比较作用方式相近的除草剂品种之间的活性大小。

本规范适用于二苯醚类、酰胺类、氨基甲酸酯类、氯代脂肪酸类等除草剂的活性测定研究。

2 试验条件

2.1 试验靶标：高粱（sorgum gle）。

2.2 仪器设备：恒温箱，人工气候箱或植物生长箱（温度范围 10～60℃、相对湿度范围 50%～90%），电子天平（精确度 0.1mg），不锈钢盘或瓷盘，发芽盒，各种规格的移液加样器（称量液体药品），直径 9cm 的培养皿，石英砂等。

3 试材准备

将均匀一致的试材种子放入发芽盒中，在 25℃的恒温箱中浸泡 12h，滤出，放入发芽盒中，在（28±2)℃的恒温箱中催芽至种子 80%露白。

4 操作步骤

4.1 取 50mL 烧杯编号，每处理重复 3 次，每个烧杯底部放一张圆滤纸片。

4.2 用移液管往每个烧杯中加入 5mL 系列浓度的药液。

4.3 选 10 粒大小一致的露白种子均匀摆放于烧杯内。

4.4 将所有处理置于人工气候箱内保湿培养，温度（28±2)℃，相对湿度 85%～95%，光照周期昼：夜为 16：8。

5 调查

培养 5～7d 后，取出烧杯中的植物幼苗，放在干滤纸上，吸去表面的水分，用直尺逐株测量所有幼苗的根长或茎长。

6 结果统计

计算出各处理幼苗平均根长或茎长，然后用下列公式计算出各处理对幼苗的生长抑制率。

$$\text{生长抑制率}=\frac{\text{对照的茎长或根长}-\text{处理的茎长或根长}}{\text{对照的茎长或根长}}\times 100\%$$

然后，用标准 DPS 统计软件进行回归分析，获得药剂浓度与生长抑制率之间的剂量-反应回归模式，计算 ID_{90}、ID_{50} 值。

7 原始记录及报告形成

完成试验调查与原始记录后，调查人签字。可以将试验结果输入计算机相应程序进行保存，最后按照有关格式完成试验报告。

8 记录归档

SOP-SC-3091 小杯法

Pesticide Bioassay Testing SOP for Small Cup Culture Method

1 适用范围

本规范适用于测定除草剂的生物活性，测定不同加工剂型、混用及增效剂对除草剂活性的影响及比较几种除草剂的活性。

本规范适用于二苯醚类、酰胺类、氨基甲酸酯类、氯代脂肪酸类除草剂的活性测定。

2 试验条件

2.1 试验靶标：对待测除草剂反应敏感的试材。

2.2 仪器设备：植物生长箱，天平（0.1mg），称量瓶，小瓷盘等。

2.3 试剂：0.1% $HgCl_2$。

3 试材准备

3.1 敏感试材的选择：稗草（*Echinochloa crusgalli* L.）等。

3.2 敏感试材的培养：选取籽粒饱满、大小一致的稗草种子，用 0.1% $HgCl_2$ 消毒 5min，后用蒸馏水浸种 12h，滤出放入小瓷盘中（内放润湿的吸水纸），在 28℃植物生长箱内催芽 24h。

4 操作步骤

4.1 取 50mL 烧杯，底部垫双层滤纸，分别编号，每处理重复 3 次。

4.2 每烧杯中加入 5mL 系列浓度的药液。

4.3 选取大小和芽长一致的稗草种子 10 粒，胚朝下，播于烧杯中。

4.4 将所有处理置于人工气候箱内保湿培养，温度（28±2)℃，相对湿度 85%～95%，光强 10000lx、光照周期昼夜之比为 16∶8。

5 调查

处理后 4d 测量株高或鲜重。

6 结果统计

计算出各处理平均株高或鲜重，然后用下列公式计算出各处理对幼苗的生长抑制率。

$$生长抑制率=\frac{对照的株高或鲜重-处理的株高或鲜重}{对照的株高或鲜重}\times 100\%$$

然后，用标准 DPS 统计软件进行回归分析，获得药剂浓度与生长抑制率之间的剂量-反应回归模式，计算 ID_{90}、ID_{50} 值。

7 原始记录及报告形成

完成试验调查与原始记录后，调查人签字。可以将试验结果输入计算机相应程序进行保存，最后按照有关格式完成试验报告。

8 记录归档

SOP-SC-3092 小球藻法

Pesticide Bioassay Testing SOP for Algae Method

1 适用范围

本规范适用于测试除草剂新品种的生物活性，测定原药、不同加工剂型对除草剂活性的影响以及比较各种除草剂的生物活性。

本规范适用于叶绿素合成抑制剂、光合作用抑制剂（Ⅰ和Ⅱ）除草剂定向筛选；新化合物作用机制预测；检测光合作用抑制剂（Ⅰ和Ⅱ）的残留量等。

2 试验条件

2.1 试验靶标：小球藻。

2.2 仪器设备：人工气候室（光照≥5000lx），天平（精确度 0.1mg），各种规格的锥形瓶、摇床、紫外分光光度计、移液加样器（称量液体药品）等。

2.3 培养基的配制：培养基种类为水生 4 号培养基。

水生 4 号培养液配方

培养液成分	剂量
$(NH_4)_2SO_4$	0.2g/L
$MgSO_4 \cdot 7H_2O$	0.08g/L
KCl	0.023g/L
$Ca(H_2PO_4)_2 \cdot H_2O$	0.54g/5L
$CaSO_4 \cdot H_2O$	0.66g/5L
$NaHCO_3$	0.1g/L
$FeCl_3$(1%)	0.15mL/L
微量元素 A_3 液	0.5mL/L

微量元素 A_3 液的配制

培养液成分	剂量
$MnCl_2 \cdot 4H_2O$	1.81g/L
$ZnSO_4 \cdot 7H_2O$	0.222g/L
$CuSO_4 \cdot 5H_2O$	0.079g/L
H_3BO_3	2.86g/L
$Na_2MoO_4 \cdot 2H_2O$	0.391g/L

3 试材准备

3.1 藻种的选择：选择敏感易培养藻种为蛋白核小球藻（*Chlorella pyrenoidosa*），藻种保存于 0～4℃冷藏箱。

3.2 藻细胞的预培养：在 250mL 锥形瓶中加入 100mL 无菌的水生 4 号培养基，将蛋白核小球藻藻种接种到培养基中，用封口膜封口，在温度 25℃、光照度 5000lx，持续光照和 100r/min 转速振荡的条件下预培养 7d，使藻细胞快速生长和繁殖至对数生长期。

4 操作步骤

4.1 将藻培养液接种到含有 15mL 培养基的 50mL 锥形瓶中，使初始浓度为 8×10^5 个细胞/mL。用记号笔编号，每处理重复 4 次。

4.2 在培养液中加入一定量的系列浓度除草剂，使其形成浓度梯度，并设空白对照，在 3.2 所述条件下振荡培养 4d。

5 调查

以培养液为参比，在最大吸收波长 680nm 测定吸光值（光程 1cm），每个锥形瓶取得 3 个平行测试值。

6 结果统计

计算每个处理平行测试吸光值的平均值，生长抑制率直接采用下列公式计算。

$$生长抑制率=\frac{对照的平均吸光值-处理的平均吸光值}{对照的平均吸光值}\times 100\%$$

然后，采用标准 DPS 统计软件进行回归分析，获得抑制率（P）与药剂浓度的自然对数（$\ln C$）之间的线性回归方程，并求解抑制率为 50%的浓度 EC_{50} 值。

7 原始记录内容

7.1 填写调查时间及试验条件等事宜。

7.2 试验人员签名。

7.3 试验负责人审核、签名。

8 记录归档

SOP-SC-3093 去胚乳小麦幼苗法

Pesticide Bioassay Testing SOP for Endosperm-Free Wheat Seedling Method

1 适用范围

本规范适用于测试除草剂新品种的生物活性，测定不同加工剂型、混用及增效剂对除草剂活性的影响以及比较几种除草剂的生物活性。

本规范适用于光合作用抑制剂的活性特性研究，如均三氮苯类及脲类除草剂。

2 试验条件

2.1 试验靶标：小麦（*Triticum aestirum* L.），小麦品种为当地栽培小麦品种。

2.2 仪器要求：人工气候培养箱（光照强度≥5000lx，温度 10～60℃，相对湿度 50%～95%），电子天平（精确度 0.1mg），各种规格的烧杯、移液加样器（称量液体药品）、石英砂等。

3 试材准备

3.1 幼苗培养：将小麦种子放入发芽盒中，加入适量蒸馏水，置于 25℃的恒温箱中浸泡 12h。取不锈钢盘或瓷盘，铺 1 张滤纸，用蒸馏水湿透，挑选饱满度一致的小麦种子，种沟向下放在滤纸上，然后盖上 0.5cm 厚的石英砂，在 20℃、光照 5000lx（16hL/8hD 光照周期）、相对湿度 70%～80%培养条件的人工气候箱中培养 3～4d，待幼叶刚露出叶鞘见绿时进行试验。

3.2 培养液的配制：称取硫酸铵 3.2g、硫酸镁 1.2g、磷酸二铵 2.25g、氯化钾 1.2g、微量元素 0.01g（用硫酸亚铁 10 份、硫酸铜 3 份、硫酸锰 9 份、硼酸 7 份、硫酸锌 3 份混合而成），加于 1 升蒸馏水中充分溶解搅匀，使用时再稀释 10 倍（药品应为化学纯级别以上）。

4 操作步骤

4.1 将培养液稀释 10 倍，取 50mL 烧杯，编号标记，每个处理 3～4 次重复，每杯加入 3mL 系列浓度的药液和 6mL 培养液，用玻璃棒将药液和培养液搅匀。

4.2 选取高度一致、幼叶刚露出叶鞘见绿的小麦幼苗，用镊子及剪刀小心将小麦胚乳摘除（不要损伤根及芽），在蒸馏水中漂洗后根朝下垂直插入加好药液及培养液的烧杯中，每杯 10 株。

4.3 栽苗完成后将烧杯放入人工气候箱中，温度控制在 20℃，光照 5000lx，光照周期为昼∶夜＝16∶8，相对湿度 70%～80%。培养期间每天早晚 2 次定时补充烧杯中蒸发掉的水分。

5 调查

试验处理后 6～7d，取出烧杯中的小麦幼苗，放在滤纸上吸去表面的水分，用直尺逐株测量所有小麦幼苗的长度（从芽鞘到最长叶尖端的距离）。

6 结果统计

计算各处理的小麦幼苗平均长度，然后用下列公式计算出各处理对小麦幼苗的生长抑制率。然后，用标准 DPS 统计软件进行回归分析，获得药剂浓度与生长抑制率之间的剂量-反应回归模式，计算 IC_{90}、IC_{50} 值。

$$生长抑制率=\frac{对照的平均长度-处理的平均长度}{对照的平均长度}\times 100\%$$

7 原始记录内容

7.1 填写调查时间及试验条件等事宜。

7.2 试验人员签名。

7.3 试验负责人审核、签名。

8 记录归档

SOP-SC-3094 番茄水培法

Pesticide Bioassay Testing SOP for Tomato Solution Culture Method

1 适用范围

本规范适用于测定除草剂品种的生物活性，测定不同加工剂型、混用及增效剂对除草剂的生物活性的影响。

本规范适用于取代脲类等除草剂（如绿麦隆、异丙隆等）的活性研究。

2 试验条件

2.1 试验靶标：番茄（*Lycopersicon esculentum* Mill.），番茄品种为常规栽培品种。

2.2 仪器设备：人工气候培养箱（光照强度≥5000lx，温度10～60℃，相对湿度50%～95%），电子天平（精确度0.1mg），各种规格的烧杯、移液加样器（称量液体药品）等。

3 试材准备

3.1 种子催芽：将番茄种子放入发芽盒中，加入适量蒸馏水，置于30℃的恒温箱中浸泡12h，清水滤出后，再放入发芽盒中，置于30℃的恒温箱中催芽24h。

3.2 幼苗培养：在不锈钢盘或瓷盘中装入定量的沙壤土，压平后均匀播入发芽的番茄种子，覆土0.8cm，镇压淋水后放入温室中培养，待番茄长至2片真叶期开始进行试验。

4 操作步骤

4.1 取30mL试管，分别编号，每个处理4次重复。

4.2 将系列浓度的除草剂或待测药液15mL倒入试管中。

4.3 挑选生长较均匀一致的2叶期番茄幼苗，剪去子叶及根后每4株为1组，用天平称重，使每组苗重相等。

4.4 将各组番茄幼苗分别插入试管中，用记号笔标出此时药液到达的水平位置，然后将试管放在试管架上。

4.5 将所有处理放在人工气候箱中，在温度28℃、光照5000lx、光照周期为昼：夜＝16：8、相对湿度70%～80%的条件下培养96h。在培养期间应定期向试管内补充水分，使药液到达标记的位置。

5 调查

处理96h后，待反应症状明显时，取出各处理番茄幼苗，放在滤纸上吸干表面水分后，称量各处理苗重。

6 结果统计

计算出各处理番茄幼苗的平均重量，用下列公式计算出各个处理对番茄幼苗的生长抑制率。

$$生长抑制率=\frac{对照的平均苗重-处理的平均苗重}{对照的平均苗重}\times 100\%$$

然后，用标准DPS统计软件进行回归分析，获得药剂浓度与生长抑制率之间的剂量-反应回归模式，计算IC_{90}、IC_{50}值。

7 原始记录内容

7.1 填写调查时间及试验条件等事宜。

7.2 试验人员签名。

7.3 试验负责人审核、签名。

8 记录归档

SOP-SC-3095 玉米根长法

Pesticide Bioassay Testing SOP for Corn Root Length Method

1 适用范围

本规范适用于测定新型除草剂的生物活性，测定不同加工剂型、混用及增效剂对除草剂的生物活性的影响，以及商品化除草剂或新化合物的活性比较。

本规范适于磺酰脲类、咪唑啉酮类、二硝基苯胺类、二苯醚类、嘧啶水杨酸类除草剂的活性研究，如：绿黄隆、甲黄隆、咪草烟等。

2 试验条件

2.1 试验靶标：玉米（*Zeamays* L.），玉米品种为常规栽培品种。

2.2 仪器设备：植物生长箱或人工气候箱（光照强度≥3000lx，温度10～60℃，相对湿度50%～95%），电子天平（精确度0.1mg），烘箱（室温至300℃），直径为7cm的小塑料口杯，移液加样器（称量液体药品）等。

3 试材准备

3.1 种子催芽：将玉米种子放入发芽盒中，加入适量蒸馏水，置于28℃的恒温箱中浸泡12h，清水滤出后，再放入发芽盒中，置于30℃的恒温箱中催芽至芽长0.5cm左右。

3.2 土壤：过2mm筛网试验用标准沙壤土，在烘箱中65℃烘干8h。

4 操作步骤

4.1 在小口杯中先装入100g底土，播种发芽一致（胚根长0.5cm左右）的玉米种子，每杯10粒，种子统一胚朝上，覆土20g，然后轻轻压平。用记号笔编号，每处理重复4次。

4.2 土壤湿度保持在25%左右，即每杯加入系列浓度的药液30mL；空白对照加入蒸馏水。

4.3 处理后放在温度25℃、相对湿度70%～80%的植物生长箱中，在黑暗条件下培养96h。调查。

5 调查

培养96h后，从每杯中取出长势基本一致的玉米幼苗，测量胚根长度。

6 结果统计

计算测得玉米胚根的平均长度，用下列公式计算出各处理对玉米胚根的生长抑制率。

$$\text{生长抑制率}=\frac{\text{对照的平均长度}-\text{处理的平均长度}}{\text{对照的平均长度}}\times 100\%$$

然后，用标准DPS统计软件进行回归分析，获得药剂浓度与生长抑制率之间的剂量-反应回归模式，计算IC_{90}、IC_{50}值。

7 原始记录内容

7.1　填写调查时间及试验条件等事宜。

7.2　试验人员签名。

7.3　试验负责人审核、签名。

8　记录归档

SOP-SC-3096 再生苗称重法

Pesticide Bioassay Testing SOP for Regenerative Seedling Weight Method

1 适用范围

本规范适用于测定传导性除草剂品种对地下部分再生能力的抑制程度，也可测定不同加工剂型、混用及增效剂对除草剂活性的影响以及比较几种除草剂的生物活性。

本规范适用于测定非触杀型除草剂品种活性，如苯氧羧酸类、氨基甲酸酯类、有机磷类等品种。

2 试验条件

2.1 试验靶标：根据不同除草剂品种选择不同的具再生能力的植物试材。

2.2 仪器设备：生测喷雾装置（可设置速度、喷液量、压力定量喷雾）；天平（精确度为千分之一克）。

3 试材准备

取发芽盒，挑选饱满度一致的种子，在28℃人工气候箱中浸泡12h，用清水冲洗后，把水沥干，铺1张滤纸，然后放入25℃恒温箱内催芽12～16h至种子露白，播种，温室内培养。

4 操作步骤

4.1 待试材生长到3叶期左右，可进行芽后茎叶喷雾处理。每盆插上标签，标签上注明药剂、剂量、处理方式、时间。

4.2 喷雾后的试材静置3～5h，移入温室中培养生长。土壤相对湿度保持75%～85%。水生试材应保持1cm水层。

4.3 药剂喷雾24h后剪除茎叶（距土表1cm），1～2周后测定再生苗的鲜重。

5 调查

试验处理后15d左右，剪下再生苗，用天平称重，比较不同处理间的再生力。

6 结果统计

计算各处理的平均鲜重，与对照比较，用下列公式计算出各处理对再生苗的抑制率。

$$抑制率=\frac{对照的平均鲜重-处理的平均鲜重}{对照的平均鲜重}\times 100\%$$

7 原始记录内容

7.1 填写调查时间及试验条件等事宜。

7.2 试验调查人签名。

8 记录归档

SOP-SC-3097 除草剂培养皿法

Pesticide Bioassay Testing SOP for Petri Dish Test for Herbicide Activity

1 适用范围

本规范适用于测定新型除草剂的生物活性，测定不同加工剂型、混用及增效剂对除草剂的生物活性的影响；以及商品化除草剂或新化合物的活性比较。用于发现具有潜在除草活性和植物生长调节活性的化合物或活性先导化合物。

本规范适用非光合作用电子传递链抑制型的除草剂活性研究。适用于新化合物和发酵液的除草活性和植物生长调节活性的筛选。

2 试验条件

2.1 试验靶标：根据测试除草剂的生物活性特点，可选择 3 种敏感的双子叶植物和 3 种敏感的单子叶植物，如萝卜、黄瓜、油菜、小麦、高粱、稗草；种子为试验用标准种子。

2.2 仪器设备：人工气候培养箱或植物生长箱（光照强度≥3000lx，温度 10～60℃，相对湿度 50%～95%），天平（精确度 0.1mg），直径 9cm 的培养皿，移液加样器（称量液体药品）等。

3 试材准备

将种子放入发芽盒中，加入适量蒸馏水，置于 28℃的恒温箱中浸泡 12h，清水滤出后，再放入发芽盒中，置于 30℃的恒温箱中催芽至种子露白。

4 操作步骤

4.1 在培养皿内铺 2 张滤纸，每皿内摆放各种植物大小一致的种子 10 粒，编号标记，每处理重复 3 次。

4.2 配制系列药剂浓度（筛选试验时，药剂浓度为 100mg/L）35mL 备用。

4.3 加入系列浓度的药液 10mL（筛选试验时，药剂浓度为 100mg/L），对照加入 10mL 蒸馏水，盖皿盖，置入人工气候生长箱或植物生长箱，在温度 28℃、光照 5000lx、光照周期为昼∶夜＝16∶8、相对湿度 70%～80%的条件下培养 96h，调查。

5 调查

分别测定长势基本一致的 6 种植株其茎长和根长，记录受害症状。筛选试验时，根据每种植物受害程度，用目测法综合评价测定结果。

6 结果统计

计算测得各种植物茎或根的平均长度，用下列公式计算各处理对靶标植物的生长抑制率。

$$生长抑制率=\frac{对照的平均长度-处理的平均长度}{对照的平均长度}\times 100\%$$

然后，用标准 DPS 统计软件进行回归分析，获得药剂浓度与生长抑制率之间的剂量-反应回归模式，计算 IC_{50} 值。

或以植株根、茎的生长抑制和畸形、白化、褐烂等生长形态综合评价目测结果。

目测标准如下：A 级，80%～100%；B 级，50%～70%；C 级，10%～40%；D 级，<10%无明显效果。

7 原始记录内容

7.1 填写调查时间及试验条件等事宜。

7.2 试验人员签名。

7.3 试验负责人审核、签名。

8 记录归档

SOP-SC-3098 浮萍法

Pesticide Bioassay Testing SOP for Duckweed Test for Herbicide Activity

1 适用范围

本规范适用于测定除草剂的生物活性，测定不同加工剂型、混用及增效剂对除草剂的生物活性的影响；以及商品化除草剂或新化合物的活性比较；筛选适合本规范的除草剂。

本规范对磺酰脲类除草剂非常敏感，此外还适于酰胺类、三氮苯类、二苯醚类、二硝基苯胺类。

2 试验条件

2.1 试验靶标：浮萍。

2.2 仪器要求：人工气候培养箱或植物生长箱（光照强度≥3000lx，温度 10～60℃，相对湿度 50%～95%），叶面积测定仪，天平（精确度 0.1mg），高压灭菌锅，各种规格的烧杯、移液加样器（称量液体药品）等。

3 试材准备

3.1 培养液的配制：

七水硫酸镁：0.62g/L　　二水氯化钙：0.54g/L　　硝酸钾：0.4g/L

磷酸二氢钾：0.2g/L　　四水氯化锰：0.47mg/L　　六水氯化钴：25μg/L

二水钼酸钠：0.12mg/L　　七水硫酸锌：50μg/L　　五水硫酸铜：25μg/L

培养液 pH 值为 5.5，经全自动灭菌锅高压灭菌 30min，通过无菌过滤器向培养液中加入 0.1mL　7.3%的无菌 NaFe-EDTA。

3.2 贮存培养液：在上述培养液中加 10g/L 的蔗糖。

3.3 试材选择：选择浮萍的种类为青萍（*Lemna paneicostata* Hegelmaier）。

3.4 青萍培养：将青萍的植株在 2%的次氯酸钠水溶液中清洗 2～5min，再将植株在无菌水中清洗 3 次，放在贮存培养液中培养。至少在试验前 5d 将浮萍从贮存培养液转移到不含蔗糖的培养液中培养，并严格控制无菌条件。

3.5 器具处理：所有试验用器具用全自动灭菌器灭菌消毒，备用。

4 操作步骤

4.1 用无菌移液管在无菌培养皿中加入 20mL 用培养液配制的系列浓度的待测药液，20mL 无菌水为空白对照，编好编号，每个处理重复 3 次。

4.2 每个培养皿中放入已消毒的青萍 2 株，加皿盖后置入人工气候生长箱或植物生长箱，在温度 28℃、光照 3000lx、光照周期昼∶夜为 16∶8、相对湿度 70%～80%的条件下培养 7d。

5 调查

试验 7d 后，用叶面积测定仪测定培养皿中所有青萍的总面积。

6 结果统计

计算出各处理的青萍叶片面积平均数，然后用下列公式计算各处理对叶片面积的抑制率

$$叶面积抑制率=\frac{对照的平均叶面积-处理的平均叶面积}{对照的平均叶面积}\times 100\%$$

然后，用标准统计软件进行回归分析，获得药剂浓度与生长抑制率之间的剂量-反应回归模式，计算 IC_{50} 值。

7 原始记录内容

7.1 填写调查时间及试验条件等事宜。

7.2 试验人员签名。

7.3 试验负责人审核、签名。

8 记录归档

SOP-SC-3099 燕麦幼苗法

Pesticide Bioassay Testing SOP for Oat Seedling Method

1 适用范围

本规范适用于测试除草剂新品种的生物活性，测定不同加工剂型、混用及增效剂对除草剂活性的影响以及比较几种除草剂的生物活性。

本规范适用于光合作用电子传递链抑制剂的活性特性研究，如均三氮苯类及脲类除草剂。

2 试验条件

2.1 试验靶标：燕麦（*Avena sativa* L.），种子为试验用标准种子。

2.2 仪器设备：人工气候培养箱或植物生长箱（光照强度≥5000lx，温度 10～60℃，相对湿度 50%～95%），电子天平（精确度 0.1mg），直径 7cm 的塑料口杯，移液加样器（称量液体药品）等。

3 试材准备

3.1 种子催芽：将种子放入发芽盒中，加入适量蒸馏水，置于 28℃的恒温箱中浸泡 12h，清水滤出后，再放入发芽盒中，置于 30℃的恒温箱中催芽至种子露白。

3.2 土壤：过 2mm 筛网试验用标准沙壤土，在烘箱中 65℃烘干 8h。

4 操作步骤

4.1 在塑料口杯中先装入 100g 底土，播种发芽一致、饱满的露白燕麦种子，每杯 12 粒，种子统一胚朝上，覆土 20g，然后轻轻压平。用记号笔编号，每处理重复 4 次。

4.2 土壤湿度保持在 25%左右，即每杯加入系列浓度的药液 30mL；空白对照加入蒸馏水。

4.3 处理后放在光照强度 5000lx、温度 25℃、相对湿度 70%～80%的植物生长箱中，连续光照培养 5～6d，调查。

5 调查

培养 5～6d 后，取出燕麦幼苗，清水冲洗干净，吸水纸吸干植株表面的水分，剪下燕麦幼苗，测定植株地上部鲜重与干重，或幼龄叶片数及第 2、3 叶片的重量。

6 结果统计

以重量为指标，计算出各处理的燕麦幼苗平均鲜重与干重，然后用下列公式计算出各处理对小麦幼苗的生长抑制率。

$$\text{生长抑制率}=\frac{\text{对照的平均重量}-\text{处理的平均重量}}{\text{对照的平均重量}}\times 100\%$$

然后，用标准 DPS 统计软件进行回归分析，获得药剂浓度与生长抑制率之间的剂量-反应回归模式，计算 IC_{50} 值。

7 原始记录内容

7.1 填写调查时间及试验条件等事宜。

7.2 试验人员签名。

7.3 试验负责人审核、签名。

8 记录归档

SOP-SC-3100 稗草中胚轴法

Pesticide Bioassay Testing SOP for Barnyardgrass Coleoptile Method

1 适用范围

本规范适用于测定除草剂品种的生物活性，测定不同加工剂型、混用及增效剂对除草剂活性的影响以及比较几种除草剂的生物活性。

本规范适用于α-氯代乙酰胺类除草剂的活性研究，如甲草胺、乙草胺等，也可测定除草醚、五氯酚钠等除草剂，但敏感度低。

2 试验条件

2.1 试验靶标：稗草［*Echinochloa crusgalli*（L.）Baeuv.］，种子为采收的标准试验用种子。

2.2 仪器设备：人工气候培养箱或植物生长箱（光照强度≥3000lx，温度10～60℃，相对湿度50%～95%），电子天平（精确度0.1mg），30mL的烧杯，移液加样器（称量液体药品）等。

3 试材准备

取稗草种子适量放入发芽盒中，加入适量蒸馏水，用玻璃棒搅动稗草种子使其充分湿润，发芽盒置入28℃培养箱中浸泡12h，漂去水面上悬浮的秕粒，滤出稗草种子，包4～6层纱布，再放入发芽盒中，加盖后放入28℃培养箱内催芽至种子露白。

4 操作步骤

4.1 取50mL的烧杯，分别编号标记，每个处理4次重复。

4.2 将系列浓度的药液或待测药液6mL倒入烧杯中。

4.3 用小镊子捏取刚露白的饱满稗草种子放入烧杯内，每个烧杯放10粒，并在种子周围撒一些石英砂，使种子固定。

4.4 处理后，烧杯放入植物生长箱中，在温度28℃、相对湿度80%～90%的条件下，暗培养5～6d。

5 调查

生长4d后，用镊子取出稗草幼苗，放在滤纸上吸干表面水分后，测量各处理每株稗草的中胚轴长度。

6 结果统计

计算各处理稗草中胚轴平均长度，用下列公式计算各处理对稗草中胚轴的生长抑制率。

$$中胚轴抑制率=\frac{对照的平均中胚轴-处理的平均中胚轴}{对照的平均中胚轴}\times 100\%$$

然后，用标准DPS统计软件进行回归分析，获得药剂浓度与生长抑制率之间的剂量-反应回归模式，计算IC_{50}值。

7 原始记录内容

7.1 填写调查时间及试验条件等事宜。

7.2 试验人员签名，试验负责人审核、签名。

8 记录归档

SOP-SC-3101 除草剂烟草叶片浸渍法

Pesticide Bioassay Testing SOP for Tobacco Leaf Dip Test of Herbicide Activity

1 适用范围

本规范适用于测试除草剂新品种的生物活性，测定不同加工剂型、混用及增效剂对除草剂活性的影响以及比较几种除草剂的生物活性。

本规范适用于光合作用电子传递链抑制剂的活性特性研究，如均三氮苯类及脲类除草剂。

2 试验条件

2.1 试验靶标：烟草（*Nicotiana tabacum* L.），为常规烟草栽培品种。

2.2 仪器设备：人工气候培养箱或植物生长箱（光照强度≥5000lx，温度10～60℃，相对湿度50%～95%），电子天平（精确度0.1mg），紫外分光光度仪。

2.3 试剂：0.1% $HgCl_2$，丙酮，I_2-KI溶液，淀粉溶液。

3 试材准备

3.1 种子催芽：烟草种子经0.1% $HgCl_2$ 消毒5min后，清水充分冲洗，放入发芽盒中，加入适量蒸馏水，置于培养箱中浸泡12h，滤出，再放入发芽盒中（内有润湿的滤纸），在28℃培养箱内催芽12h，至种子露白。

3.2 试材培养：取大小和芽长一致的露白种子10粒，播种于装土的塑料钵中，覆0.5cm厚细土，并从底部加入适量水，置于温室中培养到4～6叶期，备用。

4 操作步骤

4.1 取烟草幼龄叶片，在中脉一侧背面，两条侧脉之间，用2.5mL注射器将系列浓度的药液注射到叶肉细胞与薄壁细胞，分别编号，每处理重复3次。

4.2 处理后，将烟草置于25～30℃的温室，日光下培养5h。

4.3 用打孔器取一定面积处理叶片，用丙酮溶液提取。

4.4 用碘测定淀粉显色反应。

5 调查

用紫外分光光度仪法，在580nm处，测定各处理的光密度OD_{580}值。

6 结果统计

计算各处理的平均OD_{580}值，计算每个处理平行测试吸光值的平均值，抑制率直接采用下列公式计算：

$$生长抑制率=\frac{对照的平均吸光值-处理的平均吸光值}{对照的平均吸光值}\times 100\%$$

然后，采用标准统计软件进行回归分析，获得抑制率（P）与药剂浓度的自然对数（$\ln C$）之间的线性回归方程，并求解抑制率为50%的浓度EC_{50}值。

7 记录归档

SOP-SC-3102 萝卜子叶扩张法

Pesticide Bioassay Testing SOP for Radish Cotyledon Method

1 适用范围

本规范适用于测试除草剂的生物活性，测定原药、不同加工剂型、混用及增效剂对除草剂活性的影响以及比较几种除草剂的生物活性。

本规范适用于测试影响细胞分裂特性作用除草剂。

2 试验条件

2.1 试验靶标：萝卜（*Raphanus sativus* L.），为当地栽培萝卜品种，种子为标准试验种子。

2.2 仪器设备：人工气候培养箱或植物生长箱（光照强度≥3000lx，温度 10～60℃，相对湿度 50%～95%），电子天平（精确度 0.1mg），直径 10cm 培养皿，移液加样器（称量液体药品）等。

3 试材准备

3.1 种子催芽：萝卜种子经 0.1% $HgCl_2$ 消毒 5min 后，清水充分冲洗，放入发芽盒中，加入适量蒸馏水，置于培养箱中浸泡 8h，滤出，再放入发芽盒中（内有润湿的滤纸），在 28℃培养箱内催芽 12h，至种子露白。

3.2 幼苗培养：取不锈钢盘或瓷盘，铺 2 张滤纸，用蒸馏水湿透，挑选饱满度一致的露白种子放在滤纸上，然后薄膜封口，在 28℃人工气候箱中培养 36h（2 片子叶展开），取出两片子叶中较小的 1 片子叶放入蒸馏水，备用。

4 操作步骤

4.1 配制系列浓度的药液 35mL。

4.2 取培养皿，底铺 2 张滤纸，放入 20 片大小一致的萝卜子叶，编号标记，每处理重复 3 次。

4.3 用移液管加入各浓度的药液 10mL 于放有子叶的培养皿中，对照加入 10mL 蒸馏水，使每片子叶均匀着药，盖皿盖，置入人工气候生长箱中，在温度 28℃、光照 3000lx、光照周期为昼∶夜＝16∶8、相对湿度 70%～80%的条件下培养 4d，调查。

5 调查

培养 4d，取出每个培养皿中的萝卜子叶，放在滤纸上吸去表面水分后，测定萝卜子叶鲜重。

6 结果统计

计算各处理萝卜子叶平均鲜重，然后用下列公式计算出各处理的生长抑制率。

$$\text{生长抑制率}=\frac{\text{对照的平均鲜重}-\text{处理的平均鲜重}}{\text{对照的平均鲜重}}\times 100\%$$

然后，用标准统计软件进行回归分析，获得药剂浓度与生长抑制率之间的剂量-反应回归模式，计算 IC_{50} 值。

7 原始记录归档

SOP-SC-3103 除草剂菜豆叶片法

Pesticide Bioassay Testing SOP for Bean Leaf Test of Herbicide Activity

1 适用范围

本规范适用于测定除草剂的生物活性，测定不同加工剂型、混用及增效剂对除草剂活性的影响以及比较几种除草剂的生物活性。

本规范适用于大多数除草剂土壤中残留测定，如：测定土壤中毒莠定的含量。

2 试验条件

2.1 试验靶标：菜豆（*Phaseolus vulgaris* L.），为常规栽培品种。

2.2 仪器设备：自动喷雾装置，电子天平（精确度为 0.1mg），叶面积测定仪，移液加样器（称量液体药品）等。

3 试材准备

3.1 种子催芽：菜豆种子经 0.1% $HgCl_2$ 消毒 5min 后，清水充分冲洗，放入发芽盒中，加入适量蒸馏水，置于培养箱中浸泡 8h，滤出，再放入发芽盒中（内有润湿的滤纸），在 28℃培养箱内催芽至种子露白。

3.2 土壤：过 2mm 筛网的风干试验用土。

4 操作步骤

4.1 将过筛风干土壤装入带孔的花盆中，编号标记，每处理重复 4 次。

4.2 按试验设计配制的系列剂量的药液，用自动喷雾机，在一定压力和速度下，将一定量的除草剂药液均匀喷施于土壤表面，静置 10～12h，以充分平衡，使药液在土壤中均匀分布。

4.3 播种露白的菜豆种子，每盆播 12 粒，上覆 1cm 表土。

4.4 花盆底部加水，使土壤湿度保持在田间持水量的 60%～70%，放于温室中培养。

4.5 待菜豆出苗后，挑选长势基本一致的幼苗定植，每盆为 8 株，定期观察。

5 调查

定期经常观察菜豆的生长状态，并记录药害症状。以对照为标准，在第 2 片三出复叶刚出时，用叶面积测定仪测定菜豆叶面积，一般随除草剂用量的增加，叶面积会逐渐减少。

6 结果统计

计算各处理的菜豆的平均叶面积，然后用下列公式计算各处理对菜豆幼苗的生长抑制率。

$$生长抑制率=\frac{对照的平均叶面积-处理的平均叶面积}{对照的平均叶面积}\times 100\%$$

然后，用标准统计软件进行回归分析，获得药剂浓度与生长抑制率之间的剂量-反应回归模式，计算 IC_{50} 值。

7 原始记录归档

SOP SC-3104 黄瓜幼苗形态法

Pesticide Bioassay Testing SOP for Cucumber Seedling Test of Herbicide Activity

1 适用范围

本规范适用于测定除草剂的生物活性，测定不同加工剂型、混用及增效剂对除草剂活性的影响及比较几种除草剂的活性。

本规范适用于苯氧羧酸类、杂环类等激素型除草剂的活性研究。

2 试验条件

2.1 试验靶标：黄瓜（*Cucumis sativus* L.），为常规黄瓜栽培品种。

2.2 仪器设备：人工气候培养箱或植物生长箱（光照强度≥3000lx，温度10～60℃，相对湿度50%～95%），电子天平（精确度0.1mg），直径9cm培养皿，移液加样器（称量液体药品）等。

2.3 试剂：0.1% $HgCl_2$，琼脂等。

3 试材准备

黄瓜种子经0.1%$HgCl_2$消毒后，充分冲洗，放入发芽盒中，加入适量蒸馏水，在30℃培养箱中浸泡12h，滤出再放入发芽盒中（内放润湿的滤纸），置于28℃植物生长箱内催芽24h，至种子露白。

4 操作步骤

4.1 取直径9cm的培养皿，底铺2层滤纸，分别编号，每处理重复3次。

4.2 挑取10粒大小和芽长一致的黄瓜种子放入培养皿内。

4.3 用移液管吸取10mL系列浓度的药液加入培养皿中，以蒸馏水为空白对照，用镊子拨动种子，使种子充分着药。

4.4 将培养皿置于植物生长箱，在温度28℃、相对湿度80%～90%的条件下，暗培养96h，调查。

5 调查

处理96h后，测量各培养皿中黄瓜幼苗的胚根长、茎长，同时描绘黄瓜整株幼苗形态，并用数码照相机摄下典型药害症状，输入计算机。

6 结果统计

计算各处理黄瓜幼苗平均的胚根长、胚轴长，按以下公式计算生长抑制率：

$$生长抑制率=\frac{对照胚根长或植株长-处理胚根长或植株长}{对照胚根长或植株长}\times 100\%$$

然后，用标准统计软件进行回归分析，获得药剂浓度与生长抑制率之间的剂量-反应回归模式，计算IC_{50}值。

7 原始记录归档

SOP-SC-3105 黄瓜叶碟漂浮法

Pesticide Bioassay Testing SOP for Cucumber Leaf Disc Buoyancy Method

1 适用范围

本规范测定光合作用除草剂含量及不同植物种类、品种和生态型对光合作用除草剂的抗性。

本规范适用于光合作用抑制型除草剂含量测定及杂草对除草剂抗性程度。

2 试验条件

2.1 试验靶标：黄瓜叶片。

2.2 仪器设备：植物生长箱，恒温箱，真空泵，电子天平（0.1mg），抽滤瓶，打孔器（ϕ6mm）等。

2.3 试剂：磷酸氢钾缓冲液（pH=7.5），碳酸氢钠。

3 试材准备

3.1 取3周龄大小的黄瓜幼苗叶片，用打孔器（ϕ10mm）取下小圆叶片若干备用。

3.2 磷酸氢钾缓冲液（0.01mol/L）配制：K_2HPO_4溶液（1mol/L）+KH_2PO_4溶液（1mol/L），用蒸馏水定容至1L，将pH调至7.5。

3.3 配制0.1mol/L碳酸氢钠溶液备用。

4 操作步骤

4.1 将黄瓜叶圆片放入抽滤瓶中，加入一定量缓冲液，然后接到真空泵中抽5min，使叶片沉入底部。

4.2 将抽过真空的叶圆片放入25℃恒温箱内于黑暗条件下培养5min。

4.3 用缓冲液将除草剂稀释成不同剂量的药液，吸30mL到烧杯中备用。

4.4 在每烧杯药液中加处理过的黄瓜叶圆片20片，并加0.1mol/L的碳酸氢钠溶液0.1mL，每处理3次以上重复，缓冲液做对照。

4.5 把各烧杯置于光强为20000lx的光照培养箱内，并开始记时，3～5min后调查结果。

4.6 所有处理4次重复，每个处理20个叶圆片。

5 调查

每隔3～5min后检查各处理溶液中漂浮到溶液表面的叶片数，或记录各处理中所有叶圆片漂浮至液面所需的时间。

6 结果统计

调查之后按下列公式计算各处理的抑制指数（RI）：

$$\mathrm{RI}_n=\frac{\text{处理中叶圆片漂浮个数}\times 100}{\text{对照中叶圆片漂浮个数}}$$

或：

$$\mathrm{RI}_t=\frac{\text{处理中所有叶圆片漂浮至液面所需时间}\times 100}{\text{对照中所有叶圆片漂浮至液面所需时间}}$$

7 原始记录内容

7.1 填写调查时间及试验条件等事宜。

7.2 试验人员签名。

7.3 试验负责人审核、签名。

8 记录归档

SOP-SC-3106 玻璃壁茎叶伸长法

Pesticide Bioassay Testing SOP for Glass Wall Shoot Elongation Test

1 适用范围

本规范适用于测定生长抑制型除草剂生物活性，测定此类除草剂加工剂型、混用及增效剂对除草剂活性的影响以及比较几种除草剂的生物活性。

本规范适用于生长抑制型除草剂（如：ALS 抑制剂、ACCase 抑制剂、激素类）的毒力测定。

2 试验条件

2.1 试验靶标：根据测试药剂的活性特点，选择敏感、易萌发培养的植物为试材，如：萝卜、玉米、高粱、水稻、稗草等标准试验用种子；以小麦为试材描述本方法，小麦种子为购买的标准试验用种子，为常规栽培品种。

2.2 仪器设备：喷雾装置，植物生长箱（光照强度≥3000lx，温度范围 10～60℃，相对湿度范围 50%～90%），烘箱（温度范围最高 300℃），电子天平（精确度 0.1mg），直径 9cm 培养皿等。

3 试材准备

3.1 种子催芽：种子经充分冲洗干净，加入蒸馏水，在 25℃恒温箱中浸泡 12h，滤出放入发芽盒中（内放润湿的滤纸），在 25℃培养箱内催芽 24h。

3.2 土壤：用不锈钢盘或瓷盘装试验用过筛风干土壤，放入烘箱中，65℃下烘 8h，备用。

4 操作步骤

4.1 称取 20g 烘干的衡重土于玻璃培养皿内，每皿加入蒸馏水 10mL，编号标记，每处理重复 4 次。

4.2 用喷雾装置将系列浓度的药液均匀地喷施于培养皿的土壤表面，迅速在土壤表面铺盖一层纤维组织（脱脂棉），纤维组织上面再覆盖一层滤纸。

4.3 在滤纸边缘的一端摆放 10 粒已催芽露白的种子，盖上培养皿盖，用塑料薄膜密封，面朝上呈 60°倾斜置于 30℃植物生长箱中，黑暗培养 72h。

5 调查

培养 72h 后，取出培养皿中的小麦幼苗，用直尺测量各个培养皿中小麦茎长度。

6 结果统计

计算各处理幼苗长度的平均值，按下列公式计算生长抑制率：

$$\text{生长抑制率}=\frac{\text{对照的平均长度}-\text{处理的平均长度}}{\text{对照的平均长度}}\times 100\%$$

用标准统计软件进行回归分析，获得药剂浓度与生长抑制率之间的剂量-反应回归模式，

计算 IC_{50} 值。

7 原始记录内容

7.1 填写调查时间及试验条件等事宜。

7.2 试验人员签名。

7.3 试验负责人审核、签名。

8 记录归档

SOP-SC-3107 小麦芽鞘法

Pesticide Bioassay Testing SOP for Wheat Coleoptile Method

1 适用范围

本规范适用于测定脱落酸类植物生长调节剂的生物活性。

本规范适用于评价脱落酸类植物生长调节剂抑制胚芽鞘伸长能力的室内生物测定。

2 试验条件

2.1 试验靶标：小麦幼苗（*Triticum aestivum* L.）。

2.2 仪器设备：万分之一电子分析天平，切割固定长度的刀具，绕水平轴转动且转速约 16r/min 的转床，ϕ=10mL 有塞试管，滤纸，烧杯，镊子，培养皿，恒温暗室等。

3 试材准备

小麦幼苗的培养：将精选的小麦种子于 26℃暗室中浸种 2h，冲洗干净后，排种于培养皿中的湿滤纸上，置 26℃黑暗中发芽。待出现胚根后，移入培养缸的塑料网上，并继续在 26℃暗中培养约 72h。待胚芽鞘达 3cm 左右，选取 2.8～3.0cm 的幼苗，用切割刀自顶端起分别切成 3mm、5mm、5mm 以下等三段。取中间 5mm 切段置蒸馏水中 2～3h，备用。以上操作需在绿色安全灯下进行。

4 操作步骤

4.1 标准曲线的绘制

吸取 2mL 各种浓度的脱落酸标准液（0mg/L、0.001mg/L、0.01mg/L、0.1mg/L、1mg/L、10mg/L ABA 溶液，用 2%蔗糖-0.01mol/L 磷酸缓冲液稀释母液而得），以缓冲液为对照，分别置入 10mL 有塞试管，每管加入小麦芽鞘切段 10 根，各浓度均设 3～4 个重复。加塞后置于 26℃黑暗中，于转床上旋转培养 20h。将 10 个切段取出测定其总长。然后将空白处理的总长减去各浓度处理所得之总长，则得净减少量（cm）。再除以空白总长乘 100%，则得减少百分数。用减少百分数与 ABA 浓度之间的相关性，绘出标准曲线。

4.2 样品的测定

将待测样品溶于 2%蔗糖-0.01mol/L 磷酸缓冲液，进行稀释后，各吸取 2mL 置于有塞试管中。然后按上述标准曲线制备的步骤进行操作。

5 结果调查与分析

测量并计算出待测液的减少百分数，便可从标准曲线中查得相应的 ABA 的浓度，乘以稀释倍数后，即得待测样品的 ABA 的含量。

6 原始记录与报告形成

完成试验调查原始记录后，调查人签名。可以将试验结果输入计算机相应程序进行保存。最后按照有关格式完成试验报告。

7　归档

试验原始记录和试验报告按照规定程序进行归档管理。

SOP-SC-3108 大豆愈伤组织法

Pesticide Bioassay Testing SOP for Soybean Callus Tissue Method

1 适用范围

本规范适用于测定细胞分裂素类植物生长调节剂的生物活性。

本规范适用于评价细胞分裂素类植物生长调节剂促进愈伤组织的细胞分裂增加其鲜重能力的室内生物测定。

2 试验条件

2.1 试验靶标：大豆种子（*Glycine max*）。

2.2 仪器设备：万分之一电子分析天平、125mL 三角瓶、烧杯、量筒、镊子、$\phi=9$cm 培养皿、滤纸、毛笔、记号笔、切割刀片、超净工作台、培养室等。

3 试材准备

精选大豆种子 20 粒，用 0.1%氯化汞消毒 15min，然后用无菌蒸馏水冲洗多次，去掉残留于种子表面上的氯化汞液，将大豆种子用消过毒的镊子播在预先盛有 50mLMS 培养基的 125mL 三角瓶内，每瓶 3 粒。然后在培养室中培养，等子叶长出。

4 操作步骤

4.1 切下子叶，并将子叶切成 4mm×4mm×2mm 大小的薄片，将子叶薄片转移到装有 MS 培养基的三角瓶内，每瓶放 1 片。在培养室内培养 3 星期，将愈伤组织仔细剥离下来，切成 10mg 的小方块，转移到新配装的同样的培养基上进行继代培养。

4.2 用无菌镊子取出经继代培养后生长已稳定的大豆愈伤组织，放在无菌培养皿中，用消过毒的小刀切下大小均匀的小块，每块约 5mg。分别转移到装有 MS 培养基（对照）和加入待测样品 MS 培养基的三角瓶中，每瓶放三块。每种处理至少重复 4 次。塞紧瓶口，将三角瓶置于培养室培养 3 星期后，观察并测量各处理组织鲜重增加的情况。

5 结果调查与分析

调查结果记录在原始记录单上。

6 原始记录与报告形成

完成试验调查原始记录后，调查人签名。可以将试验结果输入计算机相应程序进行保存。最后按照有关格式完成试验报告。

7 归档

试验原始记录和试验报告按照规定程序进行归档管理。

SOP-SC-3109 大麦胚乳法

Pesticide Bioassay Testing SOP for Barley Endosperm Method

1 适用范围

本规范适用于测定赤霉素类植物生长调节剂的生物活性。

本规范适用于评价赤霉素类植物生长调节剂诱导 α-淀粉酶合成能力的室内生物测定。

2 试验条件

2.1 试验靶标：大麦。

2.2 仪器设备：万分之一电子分析天平、分光光度计、保湿箱、摇床、刀片、试管、移液管、镊子、滤纸、记号笔等。

2.3 试剂的配制。

根据试验剂量设计，用万分之一（精确到 0.1mg）电子天平准确称取供试样品于称量瓶中，用丙酮将样品稀释至目标浓度（剂量），并用丙酮按等比或等差等方法稀释成一系列剂量（一般不少于 5 个）。试验浓度设计依据药剂类型、基础试验的结果及试验的具体要求而定。

（1）萨莫奇试剂　A：24g 无水碳酸钠、16g 碳酸氢钠、12g 酒石酸钾钠及 140g 无水硫酸钠，溶于 800mL 蒸馏水中。B：4g 硫酸铜及 40g 无水硫酸钠溶于 200mL 蒸馏水中。将上述 A、B 试剂在使用前按 4∶1 配好摇匀。

（2）纳尔逊试剂　A：25g 钼酸铵溶于 450mL 蒸馏水，再加 21mL 硫酸混匀。B：3g 砷酸钠溶于 25mL 蒸馏水。A、B 液混合后在 37℃条件下保温 24～48h 即可使用。

3 操作步骤

3.1 精选大麦种子。

3.2 将精选的纯净大麦种子在无菌蒸馏水中浸泡，而后用漂白粉（质量浓度 4%）浸泡 24h，再用流动蒸馏水冲洗多次。

3.3 将大麦种子用刀片均匀切成两半，留下不带胚的一半备用。

3.4 每组取 4 粒备用种子放在装有 1mL 待测药液、赤霉素液或清水的试管中。

3.5 塞紧试管，放在 30℃下的摇床上培育 48h。

3.6 48h 后，每支试管加入 10mL 水和 1g 阳离子交换树脂，将试管塞紧，每分钟至少摇动 15 次；然后用滤纸过滤。

3.7 样品测定：取 1mL 过滤液，加入盛有 1mL 萨莫奇（Somogyis）试剂的试管里。然后将试管在沸水浴锅上加热 10min。加热后用冷水冷却 1min，再加入 1mL 纳尔逊（Nelsons）试剂混匀。加水至 10mL。在波长 540nm 处用分光光度计测量。

3.8 标准曲线的制备：配制 0mg/L、0.001mg/L、0.01mg/L、0.1mg/L、1mg/L 的赤霉素溶液，按以上步骤操作。以赤霉素浓度与光密度值的相关性绘制标准曲线。

4 结果调查与分析

调查结果记录在原始记录单上。从标准曲线查得赤霉素含量，来衡量样品的活性。

5 原始记录及报告形成

完成试验调查原始记录后，调查人签名。可以将试验结果输入计算机相应程序进行保存。最后按照有关格式完成试验报告。

6 归档

试验原始记录和试验报告按照规定程序进行归档管理。

SOP-SC-3110 油菜根生长抑制法

Pesticide Bioassay Testing SOP for Rapeseed Root Growth Inhibition Test

1 适用范围

本规范适用于测定抑制剂类植物生长调节剂的生物活性。

本规范适用于评价抑制剂类植物生长调节剂抑制胚芽鞘和茎内细胞伸长能力的室内生物测定。

2 试验条件

2.1 供试靶标：油菜种子。

2.2 仪器设备：万分之一电子分析天平、烧杯、记号笔、$\phi=6$cm 培养皿、滤纸、刻度直尺、移液管、保温箱或暗培养室、不锈钢剪子和镊子等。

2.3 试剂的配制：在 10mL 小玻璃瓶内称取不少于 3mg（精确到 0.1mg）的待测样品，加入相同体积的溶剂，此溶剂必须是能使新化合物充分溶解的有机溶剂，一般使用二甲基甲酰胺。稀释一次后，药液浓度成 0.1mg/mL。采用滤纸片法：用 1mL 移液管吸 0.3mL 药液均匀滴在直径 6cm 滤纸片上，避光风干备用。

3 试材准备

精选油菜种子，用自来水浸种 2h，选择大小整齐的油菜种子。

4 操作步骤

在盛有滤纸片的培养皿中加入 3mL 蒸馏水，在每个培养皿中放入 12 粒油菜种子，并摆均匀。每个处理重复 3 次，药液浓度为 0.01mg/mL，用滤纸片吸干油菜表面的水分。将试材放入保温箱或暗培养室，在（26±0.5）℃下保温培养 72h。对照滴 0.3mL 的溶剂。药剂扩散后，药液浓度为 0.01mg/mL。根据试验目的，可设置 0.01mg/mL 的多效唑（pp-333）做对照。

5 结果调查与分析

处理结束后，用刻度尺测量每皿 10 株的油菜下胚轴长度（mm），精确到毫米，取三次重复的平均数。以每处理下胚轴的平均长度同对照比较，计算下胚轴伸长抑制率（%），作为普筛检测活性。

$$抑制率=\frac{对照-处理}{对照}\times 100\%$$

药剂活性分级：

A 级：下胚轴伸长抑制率≥70%；

B 级：50%～69%；

C 级：30%～49%；

D 级：＜30%。

调查结果记录在原始记录单上。

6 原始记录与报告形成

完成试验调查原始记录后，调查人签名。可以将试验结果输入计算机相应程序进行保存。最后按照有关格式完成试验报告。

7 归档

试验原始记录和试验报告按照规定程序进行归档管理。

SOP-SC-3111 黄瓜子叶扩张法

Pesticide Bioassay Testing SOP for Cucumber Cotyledon Enlargement Method

1 适用范围

本规范适用于测定细胞分裂素类植物生长调节剂的生物活性。

本规范适用于评价细胞分裂素类植物生长调节剂促进离体组织的细胞分裂和扩张能力的室内生物测定。

2 试验条件

2.1 试验靶标：黄瓜子叶。

2.2 仪器设备：万分之一电子分析天平、烧杯、量筒、带盖搪瓷盘、培养皿（直径6cm）、镊子、滤纸、记号笔、移液管、吸耳球、小玻璃瓶、培养箱、光室等。

2.3 试剂配制：在10mL小玻璃瓶内称取不少于3mg（精确到0.1mg）的待测样品，加入相同体积的溶剂，此溶剂必须是能使新化合物充分溶解的有机溶剂，一般使用二甲基甲酰胺。稀释10倍，药液浓度成0.1mg/mL。采用滤纸片法：在直径6cm的培养皿中放入滤纸片一张，用1mL移液管吸0.3mL药液均匀滴在直径6cm滤纸片上，避光风干备用。

3 试材准备

精选黄瓜种子，自来水浸种4～6h，将种子冲洗干净后，播在盛有0.7%琼脂的带盖搪瓷盘内，置于（26±0.5)℃暗箱培养72h。从黄瓜幼苗摘取子叶，选择大小均匀一致的子叶放入盛有蒸馏水的大培养皿中备用。

4 操作步骤

4.1 在铺有滤纸片的培养皿中加3mL蒸馏水，药液浓度为0.01mg/mL，用滤纸吸干黄瓜子叶表面的水分，放入上述培养皿中，每皿放10片黄瓜子叶，每一处理重复三次，在温度26℃、连续光照3000lx条件下培养72h。

4.2 试验以滤纸片只滴0.3mL有机溶剂，风干后加3mL蒸馏水的处理做空白对照。根据试验目的可以设置相同浓度的6-苄基嘌呤（6-BA）和激动素（KT）做对照。

5 结果调查与分析

从培养皿中取出培养72h的黄瓜子叶，用滤纸片吸干黄瓜子叶表面的水分，在分度值为0.1mg的天平上称出10片子叶总鲜重。取三次重复平均数。将各处理10片子叶平均重量（3次重复）减去空白对照重量得净增长量，再除以空白对照的平均重量，乘100%，得到相对促进增重百分数。计算公式如下：

$$相对促进增重百分数=\frac{处理10片子叶重量-空白对照10片子叶重量}{空白对照10片子叶重量}\times 100\%$$

具体标准如下：相对促进增重≥40%为A级；≥25%为B级；≥10%为C级；<10%为D级。

6 原始记录与报告形成

完成试验调查原始记录后，调查人签名。可以将试验结果输入计算机相应程序进行保存。最后按照有关格式完成试验报告。

7 归档

试验原始记录和试验报告按照规定程序进行归档管理。

SOP-SC-3112 “三重反应”法

Pesticide Bioassay Testing SOP for “Triple Reaction” Method

1 适用范围

本规范适用于测定乙烯类植物生长调节剂的生物活性。

本规范适用于评价乙烯类植物生长调节剂抑制下胚轴伸长、促进细胞横向扩大能力的室内生物测定。

2 试验条件

2.1 试验靶标：黄化豌豆幼苗。

2.2 试验仪器：万分之一电子分析天平、乙烯钢瓶、烧杯、量筒、镊子、$\phi=9$cm 培养皿、滤纸、毛笔、记号笔、切割刀片、50mL 锥形瓶、微量注射器、25℃恒温暗室等。

2.3 试剂配制：根据试验剂量设计，用万分之一（精确到 0.1mg）电子天平准确称取供试样品于称量瓶中，用丙酮将样品稀释至目标浓度（剂量），并用丙酮按等比或等差等方法稀释成一系列剂量（一般不少于 5 个）。试验浓度设计依据药剂类型、基础试验的结果及试验的具体要求而定。每剂量药液量一般不少于 10mL。

3 试材准备

将精选的豌豆种子放在过饱和的漂白粉溶液中浸泡 15min，用流水缓缓冲洗 2h，使浸泡到吸胀。将种子放在盛有湿润滤纸的培养皿中萌发，两天后，选择萌发整齐的种子播于潮湿的石英砂（已煮沸并洗净）中，在 25℃恒温室内黑暗条件下培养 4d，待幼苗生长至 3cm 左右时，切去胚根，并在顶端往下 1cm 处用黑墨汁做一记号，备用。

4 操作步骤

4.1 标准曲线的绘制：在 50mL 锥形瓶中，各加入 5mL 去离子水，然后在每瓶中加入已去根的黄化幼苗 10 株，盖上密封用的橡皮盖。用微量注射器抽取乙烯，并迅速注入已密封的锥形瓶中，使瓶内最后浓度分别为 0mg/L、0.1mg/L、1.0mg/L、10mg/L、100mg/L。仍在 25℃恒温黑暗条件下静置 24h。然后取出黄化幼苗，用洁净滤纸轻轻吸去表面水分，并在有黑墨汁的记号处切去上胚轴，分别测量其长度与鲜重。再根据重量对长度的比值，得出与乙烯浓度之间的相关性，绘制标准曲线。

4.2 样品的测定：将待测液 5mL 置入 50mL 锥形瓶以取代去离子水。或将待测气体抽出一定量，迅速注入已置入 5mL 去离子水及 10 株豌豆黄化幼苗的 50mL 锥形瓶内。其余操作皆如上所述。

5 结果调查与分析

将测得的重量与长度的比值，从标准曲线中查得相应的乙烯浓度值，乘以原稀释倍数，即得样品的乙烯含量。

6 原始记录及报告形成

完成试验调查原始记录后，调查人签名。可以将试验结果输入计算机相应程序进行保存。最后按照有关格式完成试验报告。

7 归档

试验原始记录和试验报告按照规定程序进行归档管理。

SOP-SC-3113 离体黄瓜子叶生根法

Pesticide Bioassay Testing SOP for *In Vitro* Cucumber Cotyledon Root Generation Method

1 适用范围

本规范通过试验测定生长素类植物生长调节剂的生物活性。

本规范适用于评价生长素类植物生长调节剂促进胚芽鞘和茎内细胞伸长能力的室内生物测定。

2 试验条件

2.1 试验靶标：黄瓜种子。

2.2 试验仪器：烧杯、带盖搪瓷盘、直径 6cm 培养皿、镊子、滤纸、记号笔、万分之一分析天平、量筒、移液管、吸耳球、小玻璃瓶、小钢勺等。

2.3 试剂配制：在 10mL 小玻璃瓶中，称量 3mg（精确到 0.1mg）样品，加入相同体积的有机溶剂，此溶剂必须是能使新化合物充分溶解的有机溶剂，一般使用二甲基甲酰胺。根据试验需要量，取部分药液稀释 10 倍，药液浓度成 0.1mg/mL。采用滤纸片法：在直径 6cm 的培养皿中放入滤纸片一张，用 1mL 移液管吸取 0.3mL 药液，均匀滴在直径 6cm 滤纸片上，在暗避光处风干备用。

3 试材准备

精选黄瓜种子，自来水浸种 6h，将种子冲洗干净，播在盛有 0.7%琼脂的带盖搪瓷盘内，在 26℃暗箱培养 72h。从黄瓜幼苗摘取子叶，选择大小均匀一致的子叶放入盛有蒸馏水的大培养皿中备用。

4 操作步骤

4.1 药剂处理：在盛有滤纸片的培养皿中加 3mL 蒸馏水，药液浓度为 0.01mg/mL，用滤纸吸干黄瓜子叶表面的水分，放入培养皿中，每皿放 10 片子叶，每一处理重复 3 次，在 26℃隔水式电热恒温培养箱中，黑暗培养 5d。

4.2 空白对照及对照药的设置：试验以滤纸片只滴 0.3mL 有机溶剂，风干后加 3mL 蒸馏水的处理做空白对照。根据试验目的可以设置不同浓度的 IAA 做对照。

5 结果调查与分析

从培养皿取出培养 5d 的黄瓜子叶，测定每 10 片子叶叶柄基部的生根数，取 3 次重复平均值。将各处理 10 片子叶平均生根数减去空白对照生根数得净增长生根数，再除以空白对照平均生根数，乘 100%，得到相对促进生根百分数，计算公式如下：

$$\text{相对促进生根百分数}=\frac{\text{处理 10 片子叶生根数}-\text{空白对照 10 片子叶生根数}}{\text{空白对照 10 片子叶生根数}}\times 100\%$$

样品和标准药活性相似的定为 A 级，百分数每下降 50%下降一级。具体标准是：相对促进生根百分数≥150%为 A 级；100%～150%为 B 级；50%～100%为 C 级；＜50%为

D级。

调查结果记录在原始记录单上。

6 原始记录与报告形成

完成试验调查原始记录后，调查人签名。可以将试验结果输入计算机相应程序进行保存。最后按照有关格式完成试验报告。

7 归档

试验原始记录和试验报告按照规定程序进行归档管理。

SOP-SC-3114 离体小麦叶片保绿法

Pesticide Bioassay Testing SOP for *In Vitro* Wheat Leaf Senescence Test

1 适用范围

本规范适用于测定细胞分裂素类植物生长调节剂的生物活性。

本规范适用于评价细胞分裂素类植物生长调节剂延缓植株衰老、延缓植株离体叶片中叶绿素分解能力的室内生物测定。

2 试验条件

2.1 试验靶标：小麦幼苗。

2.2 试验仪器：万分之一电子分析天平、烧杯、量筒、镊子、ϕ＝9cm 培养皿、滤纸、毛笔、记号笔等。

2.3 试剂配制：根据试验剂量设计，用万分之一（精确到 0.1mg）电子天平准确称取供试样品于称量瓶中，用丙酮将样品稀释至目标浓度（剂量），并用丙酮按等比或等差等方法稀释成一系列剂量（一般不少于 5 个）。试验浓度设计依据药剂类型、基础试验的结果及试验的具体要求而定。每剂量药液量一般不少于 10mL。

3 试材准备

精选小麦种子，用 0.1%氯化汞消毒 15min，然后用无菌蒸馏水冲洗多次，去掉残留于种子表面上的氯化汞液，将小麦种子播在湿润的石英砂砂盘上发芽，在 25℃培养箱或温室光照下培育。待幼苗高达 10cm 时即可选用。

4 操作步骤

4.1 切取小麦第一片真叶放到装有蒸馏水的烧杯中，而后将小麦叶切段浸浮在放有待测液的培养皿中。每皿 10 片。用清水和一定浓度的激动素溶液做对照。每皿盛试液 5mL。

4.2 将装有离体小麦叶片的培养皿放在 25℃暗室中培养 2～3d。

5 结果调查与分析

培养 2～3d 后，即可观察到各处理叶片叶绿素的保绿情况，目测法观察叶片叶绿素保持的情况可分级表示：＋＋＋＋－深绿，＋＋＋－浅绿，＋＋－黄绿，＋－黄，○－黄白。也可测定各处理叶绿素含量，以开始培养时叶片的叶绿素含量作为比较的基础。调查结果记录在原始记录单上。

6 原始记录与报告形成

完成试验调查原始记录后，调查人签名。可以将试验结果输入计算机相应程序进行保存。最后按照有关格式完成试验报告。

7 归档

试验原始记录和试验报告按照规定程序进行归档管理。

SOP-SC-3115 绿豆下胚轴生根法

Pesticide Bioassay Testing SOP for Mung Bean Hypocotyl Root Generation Method

1 适用范围

本规范适用于测定生长素类植物生长调节剂的生物活性。

本规范适用于评价生长素类植物生长调节剂诱导不定根形成能力的室内生物测定。

2 试验条件

2.1 试验靶标：绿豆幼苗。

2.2 试验仪器：万分之一电子分析天平、电热恒温培养箱、光室、滤纸、搪瓷盘、切割刀片、50mL 三角瓶、镊子、$\phi=15$cm 培养皿等。

2.3 试剂配制：根据试验剂量设计，用万分之一（精确到 0.1mg）电子天平准确称取供试样品于称量瓶中，用少量乙醇将样品溶解后，用蒸馏水按等比或等差等方法稀释成一系列剂量（一般不少于 5 个）。试验浓度设计依据药剂类型、基础试验的结果及试验的具体要求而定。每剂量药液量一般不少于 50mL。

3 试材准备

将精选的绿豆种子于 80℃热水中浸种，当水冷却到室温后，继续浸泡 2h；然后将种子放于培养皿中的湿滤纸上，置 26℃恒温箱内萌发 24h；24h 后，挑选萌发整齐的幼苗播种在湿润的石英砂中，放在 26℃、光照为 700～750lx 下培养约 9d。待绿豆幼苗带有一对展开的真叶与三片复叶的芽时，选取生长整齐的绿豆幼苗，用切割刀片自幼苗子叶节下 3cm 处切去根系，如果子叶没有脱落则将子叶也去掉，将带有 3cm 下胚轴、上胚轴、第一对真叶与复叶芽的切段浸泡在水中，不使切口风干。

4 操作步骤

4.1 标准曲线的绘制：将 50mL 各种浓度的生长素标准液（0mg/L、0.05mg/L、0.1mg/L、0.5mg/L、1mg/L IBA 溶液），以蒸馏水为对照，分别置入 50mL 三角瓶中，每杯加入绿豆茎切段 10 根，各浓度均设 3～4 个重复。液面必须超过子叶节，每 24h 加一次蒸馏水，保持一定的溶液体积。试验置于 26℃下培养，白天照光，夜间黑暗。培养 7d 后，将 10 个茎切段取出测定其不定根数。各处理取平均数。然后将各浓度处理所得之不定根数减去空白的不定根数，则得净生根增长数，再除以空白对照的不定根数，乘 100%，则得生根增长百分数。用增长百分数与 IBA 浓度之间的相关性，绘出标准曲线。

4.2 样品的测定：将待测样品溶于蒸馏水中，进行稀释后，各吸取 50mL，置三角瓶中。然后按上述标准曲线制备的步骤进行操作。

5 结果调查与分析

测量并计算出待测液的生根增长百分数，便可从标准曲线中查得相应的 IBA 的浓度，当乘以稀释倍数后，即得待测样品的 IBA 含量。调查结果记录在原始记录单上。

6 原始记录与报告形成

完成试验调查原始记录后，调查人签名。可以将试验结果输入计算机相应程序进行保存。最后按照有关格式完成试验报告。

7 归档

试验原始记录和试验报告按照规定程序进行归档管理。

SOP-SC-3116 水稻第二叶片倾斜法

Pesticide Bioassay Testing SOP for Measuring the Axil Angle of the Second Leaf of Rice

1 适用范围

本规范适用于测定芸苔素内酯及其类似物的生物活性。

本规范适用于评价芸苔素内酯及其类似物促进细胞伸长和分裂能力的室内生物测定。

2 试验条件

2.1 试验靶标：水稻幼苗。

2.2 试验仪器：万分之一电子分析天平、玻璃培养杯（高 6cm，内径 3.4cm）、微量取液器、量筒、移液管、量角器、镊子、滤纸、恒温室、记号笔等。

2.3 试剂配制：根据试验剂量设计，用万分之一（精确到 0.1mg）电子天平准确称取供试样品于称量瓶中，用丙酮将样品稀释至目标浓度（剂量），并用丙酮按等比或等差等方法稀释成一系列剂量（一般不少于 5 个）。试验浓度设计依据药剂类型、基础试验的结果及试验的具体要求而定。每剂量药液量一般不少于 10mL。

3 试材准备

稻种先经粒选，或以 20%盐水选种。再置饱和漂白粉溶液中，杀菌 30min。待冲洗干净后，再加适量水，至液面略盖没种子，使发芽整齐。在黑暗条件下，将水稻种子置 30℃恒温室中培养 7d，剔除旺苗与弱苗后待用。

4 操作步骤

4.1 以第二叶片基部为中心，切取含叶片及叶鞘长各 1cm 的切段，在 30℃恒温暗室中用蒸馏水浸渍 24h。

4.2 在样品瓶中放入一定量的药液，加入 2.5mmol/L 的马来酸钾水溶液 1mL，再加入 10 枚上述稻苗切段，置 30℃恒温暗室中培养。

4.3 培养 48h 后，取出切段，用量角器测量叶片与叶鞘之间的倾斜角度。

4.4 标准曲线的绘制：配制 0μg/mL、0.0001μg/mL、0.001μg/mL、0.01μg/mL、0.1μg/mL 的芸苔素内酯，按上述方法测出不同浓度对应的叶片与叶鞘之间的倾斜角度，以芸苔素内酯的浓度与倾斜角度的相关性绘制出标准曲线。

5 结果调查与分析

调查结果记录在原始记录单上。

6 原始记录与报告形成

完成试验调查原始记录后，调查人签名。可以将试验结果输入计算机相应程序进行保存。最后按照有关格式完成试验报告。

7 归档

试验原始记录和试验报告按照规定程序进行归档管理。

SOP-SC-3117 水稻幼苗法

Pesticide Bioassay Testing SOP for Rice Seedling Method

1 适用范围

本规范适用于测定赤霉素类植物生长调节剂的生物活性。

本规范适用于评价赤霉素类植物生长调节剂促进幼嫩植物叶鞘伸长能力的室内生物测定。

2 试验条件

2.1 试验靶标：水稻幼苗。

2.2 试验仪器：万分之一电子分析天平、烧杯、量筒、镊子、$\phi=9$cm 培养皿、滤纸、刻度直尺、恒温培养室、尼龙网、记号笔等。

2.3 试剂配制：根据试验剂量设计，用万分之一（精确到 0.1mg）电子天平准确称取供试样品于称量瓶中，用丙酮将样品稀释至目标浓度（剂量），并用丙酮按等比或等差等方法稀释成一系列剂量（一般不少于 5 个）。试验浓度设计依据药剂类型、基础试验的结果及试验的具体要求而定。

3 试材准备

稻种先经粒选，或以 20%盐水选种。再置饱和漂白粉溶液中杀菌 30min，或用 0.1%的 $HgCl_2$ 消毒 10min。用自来水冲洗干净后，将种子放在盛有湿滤纸的培养皿上，在黑暗条件下，将水稻种子置 25℃左右恒温室中萌发。待种子萌发后，选取芽长 3～4mm、根长 5mm 左右、生长均匀的植株幼苗做试验。

4 操作步骤

4.1 将已稀释好的不同浓度的赤霉素溶液分别加到事先固定着尼龙网的烧杯中，溶液必须超过尼龙网，保持一定的液面，用水作对照。

4.2 把水稻幼苗播种到烧杯中固定的尼龙网上，每杯播 10 株，放在 25℃恒温光照条件下培养。每天补充一定量的水，培养 7d。

5 结果调查与分析

培养 7d，测量水稻第二片真叶叶片的长度，减去对照叶片长度，并除以对照叶片长度，就可得到增长百分数。

6 原始记录与报告形成

完成试验调查原始记录后，调查人签名。可以将试验结果输入计算机相应程序进行保存。最后按照有关格式完成试验报告。

7 归档

试验原始记录和试验报告按照规定程序进行归档管理。

SOP-SC-3118 水稻幼苗高度法

Pesticide Bioassay Testing SOP for Rice Seedling Height Method

1 适用范围

通过试验测定赤霉素类植物生长调节剂的生物活性。

本方法适用于评价赤霉素类植物生长调节剂促进幼嫩植物节间伸长能力的室内生物测定。

2 试验条件

2.1 试验靶标：水稻幼苗。

2.2 试验仪器：万分之一电子分析天平、玻璃箱、玻璃培养杯（高 6cm，内径 3.4cm）、微量注射器（10μL）、量筒、烧杯、镊子、纱布、滤纸、恒温室、记号笔、刻度直尺等。

2.3 试剂配制：根据试验剂量设计，用万分之一（精确到 0.1mg）电子天平准确称取供试样品于称量瓶中，用丙酮将样品稀释至目标浓度（剂量），并用丙酮按等比或等差等方法稀释成一系列剂量（一般不少于 5 个）。试验浓度设计依据药剂类型、基础试验的结果及试验的具体要求而定。

3 试材准备

稻种先经粒选，或以 20%盐水选种。再置饱和漂白粉溶液中，杀菌 30min。待冲洗干净后，再加适量水，至液面略盖过种子，在黑暗条件下，将水稻种子置 30℃恒温室中催芽 2d，至大部分种子开始露白。选取芽长 2mm 左右的种子，排放在已加有 1%琼脂的玻璃培养杯中，琼脂略低于杯口。每杯内排种子 10 粒，注意使胚芽朝上，并都偏于一侧。种完后，小杯全部移入一封闭的玻璃箱中，箱内以湿纱布保持湿度。玻璃箱放在 30℃恒温及连续光照（2000～6000lx）条件下，培养 2d，至水稻幼苗第二叶的叶尖高出第一叶 2mm 时（苗长 0.9～1.0cm），剔除旺苗与弱苗后待用。

4 操作步骤

4.1 标准曲线的绘制：100mg/L 的 GA_3 母液，用 50%丙酮配制成 0mg/L、0.1mg/L、1.0mg/L、10mg/L 等浓度的溶液。用微量注射器各抽取 1μL 已知浓度的溶液，小心地滴在幼苗胚芽鞘与第一叶的叶腋间，如小滴滑落，立即拔除该苗。然后仍以同上的光、温、湿条件继续培养 3d，3d 后测定各组（每组均需有 10 株以上的重复）幼苗第二叶的叶鞘长度，从而绘制出 GA_3 浓度与叶鞘长度（mm）关系的标准曲线。

4.2 样品的测定：将经稀释后的待测液，用微量注射器吸取 1μL 药液，其他均按上述步骤操作。

5 结果调查与分析

测定出幼苗第二叶的叶鞘长度后，从标准曲线中可查得其相应的 GA_3 浓度，再乘以稀释倍数后，即求出未知样品中的 GA_3 含量。

6 原始记录与报告形成

完成试验调查原始记录后，调查人签名。可以将试验结果输入计算机相应程序进行保存。最后按照有关格式完成试验报告。

7 归档

试验原始记录和试验报告按照规定程序进行归档管理。

SOP-SC-3119 豌豆劈茎法

Pesticide Bioassay Testing SOP for Pea Stem Splitting Method

1 适用范围

本规范适用于测定人工合成的生长素类植物生长调节剂生物活性。

本规范适用于评价生长素类植物生长调节剂促进茎侧表皮组织细胞伸长能力的生物活性。

2 试验条件

2.1 试验靶标：豌豆幼苗。

2.2 试验仪器：万分之一电子分析天平、搪瓷盘、刀片、量角器、烧杯、量筒、镊子、ϕ=15cm 培养皿、滤纸、记号笔、恒温暗室等。

2.3 试剂配制：根据试验剂量设计，用万分之一（精确到 0.1mg）电子天平准确称取供试样品于称量瓶中，用少量乙醇将样品溶解后，用蒸馏水按等比或等差等方法稀释成一系列剂量（一般不少于 5 个）。试验浓度设计依据药剂类型、基础试验的结果及试验的具体要求而定。每剂量药液量一般不少于 10mL。

3 试材准备

将精选的豌豆种子于 25℃清水中浸种 4～6h 后进行萌发。选择发芽一致的种子播在石英砂砂盘中，置 25℃暗室中培养。每天浇水 2～3 次保持砂盘湿润。黑暗中培养 7～10d 后，待苗高 8～11cm 即可使用。使用前给幼苗以 32h 的红光照射。当豌豆长出第三个节间时，选用由第三节叶片到顶芽长约 5mm 的生长均匀一致的幼苗做试验，在绿色安全灯下，用刀片将茎切除顶端 5mm，取其下 4cm 长的一段，再用刀片将茎切段上部 3cm 由上往下劈成对称的两半。将劈好的切段放在蒸馏水中漂洗 1h 左右，漂洗后将切段捞出用滤纸吸干残余的水分，备用。

4 操作步骤

4.1 标准曲线的绘制：吸取 10mL 各种浓度的生长素标准液（0mg/L、0.0175mg/L、0.175mg/L、1.75mg/L IAA 溶液，用 2%蔗糖-0.01mol/L 磷酸缓冲液稀释母液而得），分别置入培养皿中，每个培养皿中加入豌豆切段 5～10 根，各浓度均设 3～4 个重复。然后置于暗室中培养 10～24h。用量角器测量劈茎两臂向内弯曲的角度。用切段弯曲的角度与 IAA 浓度的对数之间的相关性，绘出标准曲线。

4.2 样品的测定：吸取 10mL 待测液，然后按上述标准曲线制备的步骤进行操作。

5 结果调查与分析

测量并计算出待测液的切段弯曲的角度，便可从标准曲线中查得相应的 IAA 的浓度的对数值，求出其反对数后，即得待测样品的 IAA 含量。调查结果记录在原始记录单上。

6 原始记录与报告形成

完成试验调查原始记录后，调查人签名。可以将试验结果输入计算机相应程序进行保存。最后按照有关格式完成试验报告。

7 归档

试验原始记录和试验报告按照规定程序进行归档管理。

SOP-SC-3120 尾穗苋黄化苗子叶苋红合成法

Pesticide Bioassay Testing SOP for Cytochrome Synthesis Method in Etiolated Amaranth Seedlings

1 适用范围

本规范适用于测定细胞分裂素类植物生长调节剂的生物活性。

本规范适用于评价细胞分裂素类植物生长调节剂在黑暗中引起萌发的尾穗苋子叶合成苋红素能力的室内生物测定。

2 试验条件

2.1 试验靶标：尾穗苋种子子叶。

2.2 试验仪器：万分之一电子分析天平、721 型分光光度计、低温冰箱（－16～20℃）、25℃恒温暗室、水浴锅、量筒、滤纸、移液管、镊子、试管、$\phi=6$cm 培养皿、500mL 容量瓶等。

2.3 试剂配制：根据试验剂量设计，用万分之一（精确到 0.1mg）电子天平准确称取供试样品于称量瓶中，用丙酮将样品稀释至目标浓度（剂量），并用丙酮按等比或等差等方法稀释成一系列剂量（一般不少于 5 个）。试验浓度设计依据药剂类型、基础试验的结果及试验的具体要求而定。每剂量药液量一般不少于 7.5mL。

酪氨酸磷酸缓冲液的配制。A：0.2g 酪氨酸，溶于 5.5mL 0.5mol/L HCl。B：$Na_2HPO_4 \cdot 12H_2O$ 2.388g 加 KH_2PO_4 0.907g 溶于水。将 A+B 定容至 500mL。

激动素母液的配制。称 10mg 激动素（KT）溶于 1.5mL0.1mol/L HCl 中，在水浴锅中加热使之完全溶解。加水定容至 100mL，即得 100mg/L 母液。

3 试材准备

尾穗苋黄化幼苗的培养：将精选及低温预处理的尾穗苋种子，放在过饱和的漂白粉溶液中浸泡 15min，冲洗干净后，将种子放在盛有湿润滤纸的培养皿中，在 25℃恒温室内黑暗条件下发芽 76h，选择其中子叶大小均匀一致的黄化幼苗，从下胚轴中部切取带子叶的下胚轴的上半部，备用。

4 操作步骤

4.1 标准曲线的绘制：用酪氨酸磷酸缓冲液将激动素（KT）母液稀释成 0.01mg/L、0.03mg/L、0.1mg/L、0.3mg/L、1.0mg/L、3.0mg/L 标准液。以缓冲液为空白对照。用移液管吸取不同浓度的标准液各 2.5mL，分别注入加有滤纸片的直径 6cm 的培养皿中。各皿中分别放入 30 个黄化幼苗切段，并在 25℃恒温黑暗条件下静置 18h。然后取出黄化幼苗切段，用去离子水略加漂洗后，用洁净滤纸轻轻吸去表面水分，移入盛有 4mL 去离子水的有塞试管中，置入低温冰箱冰冻过夜，取出后于 25℃暗中融冰 2h，再放入低温冰箱冰冻，再融化。以上操作均需在暗室绿光下操作。经两次反复后，苋红色素由于细胞差透性破坏而浸提出来。倒出红色上清液，用分光光度计于波长 542nm 及 620nm 处分别测定其光密度，将二值相减即得苋红色素的光密度。然后，以光密度与激动素浓度的相关性绘制出标准曲线。

4.2 样品的测定：将待测样品溶于酪氨酸磷酸缓冲液中，配制成不同浓度的溶液。吸取 2.5mL 注入培养皿中。其余操作皆如上所述。用测得的待测液的光密度值，从标准曲线中查得相应的激动素浓度。

5 结果调查与分析

调查结果记录在原始记录单上。

6 原始记录与报告形成

完成试验调查原始记录后，调查人签名。可以将试验结果输入计算机相应程序进行保存。最后按照有关格式完成试验报告。

7 归档

试验原始记录和试验报告按照规定程序进行归档管理。

SOP-SC-3121 小麦芽鞘切段法

Pesticide Bioassay Testing SOP for Wheat Coleoptile Cutting Test

1 适用范围

本规范适用于测定生长素类植物生长调节剂的生物活性。

本规范适用于评价生长素类植物生长调节剂促进胚芽鞘和茎内细胞伸长能力的室内生物测定。

2 试验条件

2.1 试验靶标：小麦幼苗。

2.2 试验仪器：万分之一电子分析天平，切割固定长度的刀具，绕水平轴转动且转速约 16r/min 的转床，ϕ=10mL 有塞试管，滤纸，烧杯，镊子，恒温暗室。

2.3 试剂配制：根据试验剂量设计，用万分之一（精确到 0.1mg）电子天平准确称取供试样品于称量瓶中，用丙酮将样品稀释至目标浓度（剂量），并用丙酮按等比或等差等方法稀释成一系列剂量（一般不少于 5 个）。试验浓度设计依据药剂类型、基础试验的结果及试验的具体要求而定。每剂量药液量一般不少于 10mL。

3 试材准备

将精选的小麦种子用自来水冲洗干净，于 26℃暗室中浸种 2h，排种于培养皿中的湿滤纸上，置 26℃黑暗中发芽。待出现胚根后，移入培养缸的塑料网上，并继续在 26℃暗室中培养约 72h。待胚芽鞘达 3cm 左右，选取 2.8～3.0cm 的幼苗，在绿色安全灯下用切割刀自顶端起分别切成 3mm、5mm、5mm 以下等三段。取中间 5mm 切段置蒸馏水中 2～3h，备用。

4 操作步骤

4.1 标准曲线的绘制：吸取 2mL 各种浓度的生长素标准液（0mg/L、0.001mg/L、0.01mg/L、0.1mg/L、1mg/L、10mg/L IAA 溶液，用 2%蔗糖-0.01mol/L 磷酸缓冲液稀释母液而得），以缓冲液为对照，分别置入 10mL 有塞试管，每管加入小麦芽鞘切段 10 根，各浓度均设 3～4 个重复。加塞后置于 26℃黑暗中，于转床上旋转培养 20h。将 10 个切段取出测定其总长。然后将各浓度处理所得之总长减去空白处理的总长，则得净增长量（cm），再除以空白对照总长，乘以 100%，则得增长百分数。用增长百分数与 IAA 浓度之间的相关性，绘出标准曲线。

4.2 样品的测定：将待测样品溶于 2%蔗糖-0.01M 磷酸缓冲液，进行稀释后，各吸取 2mL 置于有塞试管中。然后按上述标准曲线制备的步骤进行操作。

5 结果调查与分析

测量并计算出待测液的增长百分数，便可从标准曲线中查得相应的 IAA 的浓度，当乘以稀释倍数后，即得待测样品的 IAA 的含量。调查结果记录在原始记录单上。

6 原始记录与报告形成

完成试验调查原始记录后，调查人签名。可以将试验结果输入计算机相应程序进行保存。最后按照有关格式完成试验报告。

7 归档

试验原始记录和试验报告按照规定程序进行归档管理。

SOP-SC-3122 燕麦胚芽鞘切段法

Pesticide Bioassay Testing SOP for Oat Coleoptile Growth Test

1 适用范围

本规范适用于测定生长素类植物生长调节剂的生物活性。

本规范适用于评价生长素类植物生长调节剂促进胚芽鞘和茎内细胞伸长能力的室内生物测定。

2 试验条件

2.1 试验靶标：燕麦幼苗。

2.2 试验仪器：万分之一电子分析天平，切割固定长度的刀具，绕水平轴转动且转速约16r/min的转床，$\phi=10$mL有塞试管，滤纸，烧杯，镊子，恒温暗室。

2.3 试剂配制：根据试验剂量设计，用万分之一（精确到0.1mg）电子天平准确称取供试样品于称量瓶中，用丙酮将样品稀释至目标浓度（剂量），并用丙酮按等比或等差等方法稀释成一系列剂量（一般不少于5个）。试验浓度设计依据药剂类型、基础试验的结果及试验的具体要求而定。每剂量药液量一般不少于10mL。

3 试材准备

将精选的燕麦种子用自来水冲洗干净，于26℃暗室中浸种2h，排种于培养皿中的湿滤纸上，置26℃黑暗中发芽。待出现胚根后，移入培养缸的塑料网上，并继续在26℃暗室中培养约72h。待胚芽鞘达3cm左右，选取2.8～3.0cm的幼苗，在绿色安全灯下用切割刀自顶端起分别切成3mm、5mm、5mm以下等三段。取中间5mm切段置蒸馏水中2～3h，备用。

4 操作步骤

4.1 标准曲线的绘制：吸取2mL各种浓度的生长素标准液（0mg/L、0.001mg/L、0.01mg/L、0.1mg/L、1mg/L IAA溶液，用2%蔗糖-0.01mol/L磷酸缓冲液稀释母液而得），以缓冲液为对照，分别置入10mL有塞试管，每管加入燕麦芽鞘切段10根，各浓度均设3～4个重复。加塞后置于26℃黑暗中，于转床上旋转培养20h。将10个切段取出测定其总长。然后将各浓度处理所得之总长减去空白处理的总长，则得净增长量（cm），再除以空白对照总长，乘100%，则得增长百分数。用增长百分数与IAA浓度之间的相关性，绘出标准曲线。

4.2 样品的测定：将待测样品溶于2%蔗糖-0.01mol/L磷酸缓冲液，进行稀释后，各吸取2mL置于有塞试管中。然后按上述标准曲线制备的步骤进行操作。

5 结果调查与分析

测量并计算出待测液的增长百分数，便可从标准曲线中查得相应的IAA的浓度，当乘以稀释倍数后，即得待测样品的IAA的含量。调查结果记录在原始记录单上。

6 原始记录与报告形成

完成试验调查原始记录后，调查人签名。可以将试验结果输入计算机相应程序进行保存。最后按照有关格式完成试验报告。

7 归档

试验原始记录和试验报告按照规定程序进行归档管理。

SOP-SC-3123 叶绿素荧光法

Pesticide Bioassay Testing SOP for Chlorophyll Fluorescence Method

1 适用范围

本规范适用于测定不同杂草生态型对除草剂的抗性。

本规范适用于 PSⅡ抑制剂（如：三氮苯类和取代脲类）除草剂品种。

2 试验条件

2.1 试验靶标：根据杂草在田间抗性表现，采集不同抗性的杂草种子作为标准试验用种子。

2.2 仪器设备：PAM-201 脉冲荧光测定仪、电子天平（0.1mg）、打孔器（ϕ=5mm）等。

3 试材准备

选均匀一致的试验种子，将其均匀撒播于花盆内，保证每盆 20 粒种子，上覆 0.5cm 厚混沙细土。置于温室中培养，温室中温度保持在 15～35℃。从花盆底部加水，使土壤保持湿润，含水量在 20%～30%。培养 7～10d，即可用于试验处理。

4 操作步骤

4.1 取直径 9cm 培养皿，用油性记号笔编号，每处理重复 3 次。

4.2 用移液管向培养皿内加入 20mL 一定浓度的药液，对照用去离子水。

4.3 将叶片剪成 5mm 左右的小段或用打孔器制成 5mm 大小的圆片，放入培养皿中，每瓶 10 片。

4.4 处理过程中，避免直射光照射。12h 取出叶片，用滤纸吸干，测定。

5 调查

打开脉冲荧光测定仪，将叶片放在指定位置，首先在短波光［7μmol/（$m^2 \cdot s$）］下诱导产生初始 F_o，随后用强饱和脉冲［3500μmol/（$m^2 \cdot s$）］激发产生最大荧光 F_m，分别记下这两个数值。

6 结果统计

根据公式 $Y=(F_m-F_o)/F_m$ 计算出光能转化效率 Y；根据 F_o 值的大小，判断是否产生抗性，根据 Y 的大小，判断抗性程度。

7 原始记录内容

7.1 填写调查时间及试验条件等事宜。

7.2 试验人员签名。

7.3 试验负责人审核、签名。

8 记录归档

SOP-SC-3124 整株盆栽法

Pesticide Bioassay Testing SOP for Pot Plants Method

1 适用范围

本规范适用于不同植物种类、品种和生态型对不同种类除草剂的抗性。

2 试验条件

2.1 试验靶标：根据杂草在田间抗性表现，采集不同抗性的杂草种子作为标准试验用种子。

2.2 仪器设备：履带式作物喷雾机。

3 试材准备

把收集到的从未用过药的敏感性种子和从田间采集的疑似抗药性的杂草种子播种在温室内，将均匀一致的试验种子分别播于高度为 9cm 的一次性纸杯中，播后覆土 0.5cm，镇压、淋水后置于温室内按常规方法培养，温室中温度保持在 25～30℃。待禾本科杂草 3 叶期、莎草科杂草 3 叶期、阔叶杂草 2～6 片真叶期，即可用于试验处理。

4 操作步骤

4.1 确定检测药剂的试验剂量，一般以 5～7 个剂量为宜，配制药液。

4.2 将培养好的疑似抗药性试材和敏感性试材用油性记号笔编号，每个处理设 3 个重复，设置空白对照。

4.3 按试验设计剂量用履带式作物喷雾机对试材靶标进行茎叶喷雾处理（喷雾压力 1.95kgf/cm^2，喷液量 500L/hm^2，履带速度 1.48km/h)。

4.4 试材处理后置于操作大厅，待药液自然风干后，放于温室内按常规方法管理，观察并记录杂草对药剂的反应情况。

5 调查

根据供试材料的反应情况，定期调查杂草的株高、鲜重，以确定抗药性的发生情况。

6. 统计结果

计算各处理株高或根长平均值，用下列公式计算出该除草剂通过挥发作用对植物生长的抑制作用，比较疑似抗药性和野生敏感杂草对供试药剂的反应情况。应用 DPS 软件计算供试药剂对野生敏感性杂草种子和疑似抗药性的杂草种子的 ED_{90}。

$$\text{生长抑制率}=\frac{\text{对照的平均株高(或鲜重)}-\text{处理的平均株高(或鲜重)}}{\text{对照的平均株高(或鲜重)}}100\%$$

$$\text{抗性指数}=\frac{ED_{90}\text{(疑似抗性杂草)}}{ED_{90}\text{(野生敏感杂草)}}\times 100\%$$

7 原始记录内容

7.1 填写调查时间及试验条件等事宜。

7.2 试验人员签名。

7.3 试验负责人审核、签名。

8 记录归档

SOP-SC-3125 种子萌发鉴定法

Pesticide Bioassay Testing SOP for Seed Germination Method

1 适用范围

本规范适用于能强烈抑制杂草种子的萌发，抑制植物幼根、幼茎或幼叶的生长的除草剂，根据杂草种子的萌发、幼芽和幼根的受抑制程度确定杂草的抗药性水平。

2 试验条件

2.1 试验靶标：野生敏感性杂草种子和从田间采集的疑似抗药性的杂草种子。

2.2 仪器设备：人工气候培养箱。

3 试材准备

进行催芽试验，调查试验杂草种子的发芽率，如果供试杂草种子的发芽率低，要采用低温冷冻或赤霉素处理等方法打破种子的休眠，提高供试杂草种子的发芽率。

4 操作步骤

4.1 确定检测药剂的试验剂量，一般以5～7个剂量为宜，配制药液。

4.2 将供试杂草种子移入9cm的培养皿中，每皿放入两张滤纸，滤纸上边放一定量的杂草种子。依次加入配制的药液，三次重复。

4.3 放入人工气候箱内培养，培养条件17℃/10h暗周期，28℃/14h光周期。

5 调查

每天检查，随时添水保持湿润，并把出芽的种子挑出记录，10d后，统计总出苗率。

6 结果统计

应用DPS软件计算供试药剂对野生敏感性杂草种子和疑似抗药性的杂草种子的ED_{90}。

$$发芽抑制率=\frac{空白对照组发芽率-处理组发芽率}{空白对照组发芽率}\times100\%$$

$$抗性指数=\frac{ED_{90}(疑似抗性杂草)}{ED_{90}(野生敏感杂草)}\times100\%$$

7 原始记录内容

7.1 填写调查时间及试验条件等事宜。

7.2 试验人员签名。

7.3 试验负责人审核、签名。

8 记录归档

SOP-SC-3126 再生根法

Pesticide Bioassay Testing SOP for Ratooning Roots Method

1 适用范围

本规范适用于对杂草根的生长有抑制作用的除草剂，根据杂草再生根的数量和长度来确定杂草的抗药性水平。

2 试验条件

2.1 试验靶标：野生敏感性杂草种子和从田间采集的疑似抗药性的杂草种子。

2.2 仪器设备：人工气候培养箱。

3 试材准备

3.1 种子催芽：将杂草种子放入发芽盒中，加入适量蒸馏水，置于28℃的恒温箱中浸泡12h，清水滤出后，再放入发芽盒中，置于30℃的恒温箱中催芽至芽长0.5cm左右。

3.2 播种：将芽长0.5cm左右的杂草种子播种于高度为9cm的一次性纸杯中，播后覆土0.5cm，镇压、淋水后置于温室内按常规方法培养，温室中温度保持在25～30℃。待杂草高度达10cm左右时，即可用于试验处理。

4 操作步骤

4.1 确定检测药剂的试验剂量，一般以5～7个剂量为宜，配制药液。

4.2 把供试杂草从纸杯中移出，洗净，把杂草的根只留1cm长，其余的全部剪掉。然后将根和茎基部放置在1000倍苯菌灵溶液中消毒一个小时。

4.3 消毒后把杂草放到盛有1/20的MS培养液的烧杯中，各烧杯分别盛有一系列浓度的供试药剂。试验设三次重复。

4.4 然后放入人工气候箱中培养14d。培养条件17℃/10h暗周期，28℃/14h光照期。

5 调查

调查野生敏感性杂草种子和从田间采集的疑似抗药性的杂草的根长和新生根数量，来断定疑似抗药性的杂草是否产生抗药性。

6 结果统计

应用DPS软件计算供试药剂对野生敏感性杂草根长和疑似抗药性的杂草根长的ED_{90}。

$$根长抑制率=\frac{空白对照组根长平均值-处理组根长平均值}{空白对照组根长平均值}\times 100\%$$

$$抗性指数=\frac{ED_{90}(疑似抗性杂草)}{ED_{90}(野生敏感杂草)}\times 100\%$$

7 原始记录内容

7.1 填写调查时间及试验条件等事宜。

7.2 试验人员签名。

7.3 试验负责人审核、签名。

8 记录归档

SOP-SC-3127 百草枯电解质泄漏法

Pesticide Bioassay Testing SOP for Paraquat Electrolyte Leakage Method

1 适用范围

本规范适用于测定光合作用抑制除草剂的生物活性。

本规范适用于测定各种剂型的光合作用抑制剂型除草剂的活性。

2 试验条件

2.1 试验靶标：标准黄瓜（*Cucunis sativus* L.）种子，为常规品种。

2.2 仪器设备：电导率仪、人工气候室或光照培养箱、打孔器（ϕ=10mm）、培养皿（ϕ=9cm）等。

3 试材准备

选均匀一致的试验种子，将其均匀撒播于花盆内，保证每盆10粒种子，上覆0.5cm厚混沙细土。置于温室中培养，温室中温度保持在15～35℃。从花盆底部加水，使土壤保持湿润，含水量在20%～30%。培养7d左右，子叶刚刚完全展开时即可用于试验处理。

4 操作步骤

4.1 取4个培养皿，然后分别加入适当的敌草隆母液，使4个培养皿溶液中的敌草隆浓度分别为0mg/L、0.1mg/L、0.2mg/L和0.5mg/L。

4.2 用打孔器从各株黄瓜子叶的同一部位取下100个小圆片，并将之轻轻置于上述培养皿中的待测液面上，使各皿中均匀漂浮10个小叶圆片，每个待测液重复两次。

4.3 将各皿在暗条件下（培养箱）放置14h，最后再将之转移到光强为4500lx、温度为25℃的光照培养箱内培养6h。

5 调查

用电导率仪测定各培养皿中待测液的电导率。

6 结果统计

根据敌草隆溶液浓度和对应的电导率绘制出标准毒力曲线，除草剂的活性以使待测溶液的电导率比仅受百草枯处理的对照下降50%所需的除草剂的浓度的对数负值PI50（PQ）表示。

7 原始记录内容

7.1 填写调查时间及试验条件等事宜。

7.2 试验人员签名。

7.3 试验负责人审核、签名。

8 记录归档

SOP-SC-3128 希尔反应法

Pesticide Bioassay Testing SOP for Hill Reaction Method

1　适用范围

本规范适用于测试除草剂新品种的生物活性，测定原药、不同加工剂型对除草剂活性的影响以及比较各种除草剂的生物活性。

本规范适用于光合作用希尔反应抑制剂除草剂定向筛选；新化合物作用机制预测；检测光合作用抑制剂的残留量等。

2　试验条件

2.1　试验靶标：温室栽培苗龄15～25d的新鲜豌豆苗叶片的叶绿素提取液。

2.2　仪器设备：冷冻离心机、紫外分光光度计、光照培养箱（光照≥3000lx)、人工气候室、天平（精确度0.1mg)；研钵、纱布、脱脂棉、液氮、玻璃缸、烧杯、量筒、移液管等。

2.3　试剂

2.3.1　叶绿素提取液：含0.4mol/L蔗糖，pH为7.6的0.05mol/L Tris-HCl缓冲液，0.1mol/L NaCl溶液。

2.3.2　希尔反应液：① 0.5mol/L Tris-HCl（pH7.6)；② 0.05mol/L MgCl；③0.1mol/L NaCl；④0.01mol/L $K_3Fe(CN)_6$。

2.3.3　其他：0.01mol/L $FeCl_3$（用0.2mol/L醋酸溶液溶解)；0.2mol/L柠檬酸三钠；0.05mol/L邻菲罗啉盐酸盐（95%乙醇溶解)；丙酮溶液（20mL水加入80mL丙酮)。

3　操作步骤

3.1　离体叶绿体的提取

把新鲜豌豆叶在自来水下洗净，沥干，稍作预冷，取10g叶组织剪碎放入预冷的研钵中，加少许石英砂和20mL预冷的提取液，快速手磨1～2min，用四层纱布过滤，滤液装在预冷的离心管中，在1500r/min离心1min，弃去沉淀，上层液移至另一预冷的离心管中，在4000r/min离心5min，弃去上清液，沉淀即为叶绿体。加入少量提取液，并投入一小团脱脂棉，用玻璃棒顶着棉球，轻轻搅动叶绿体，使成均匀分布的悬浮液。用移液管通过棉球吸至另一预冷的玻璃容器内，再加入适量提取液，使叶绿素含量在0.10～0.20mg/mL的范围内。叶绿素定量后此悬浮液避光冷冻保存备用。

3.2　叶绿素含量测定

取0.1mL叶绿体，加入4.9mL 80%的丙酮，4000r/min离心2min，取上清液于650nm的红光中比色，按下面的公式计算叶绿素含量。

$$叶绿素含量=\frac{OD值_{650nm}\times 1000}{34.5}\times\frac{5}{1000\times 0.1}$$

3.3　进行希尔反应的操作

将4种不同成分的反应液等量混合，取0.8mL加入15mm×100mm玻璃试管，处理试管加入1mL待测药液，对照管加入1mL蒸馏水，然后每管加入叶绿体悬浮液0.2mL，总体积为 2mL。摇匀后吸 1mL 至另一小试管中，各处理分成两组（一组光照，另一组做暗处理），将照光小试管分别放入玻璃方缸内的有机玻璃试管架中，注入 20℃自来水，暗对照试管置暗处。照光试管照光 1min 后，立即向所有试管（包括暗处理管）加入 0.2mL20％浓度的三氯乙酸溶液，以终止反应。将反应液摇匀后，以 3000r/min 离心 2min。吸取上清液 0.7mL 作 Fe $(CN)_6^{4-}$ 分析测定。

3.4 $Fe(CN)_6^{4-}$ 的分析测定

吸取上述离心后的反应液 0.7mL，分别移入有编号的试管，每管加 1mL 蒸馏水，空白对照管加入 1.7mL 蒸馏水，然后每管依次加入柠檬酸钠溶液 2mL，三氯化铁溶液 0.1mL，摇匀，最后每管加邻菲罗啉盐酸盐 0.2mL（总体积为 4mL）摇匀，在室温下放暗处显色 10min。试剂空白作对照，用分光光度计在 520nm 处比色，记录光密度值。

3.5 $Fe(CN)_6^{4-}$ 标准曲线制作

称取 8.45mg 亚铁氰化钾，溶于 50mL 蒸馏水，此为 0.4μmol/mL 的溶液，再以蒸馏水稀释成下列浓度：0.05μmol/L、0.1μmol/L、0.2μmol/L、0.3μmol/L、0.4μmol/L。各取 1mL 移至不同编号的玻璃试管中，每管加 0.7mL 蒸馏水，空白对照管加 1.7mL 蒸馏水。其他试剂的加入量及操作与样品中 Fe $(CN)_6^{4-}$ 分析测定相同，比色后以光密度值为纵坐标，亚铁氰化钾浓度为横坐标，制作一标准曲线。

4 结果统计

4.1 计算方法

本方法测定希尔反应活性，不直接测定放氧活性，而是测定铁氰化钾光还原，并折算成放氧活性，放氧活性以 μmol (O_2) / [mg（chl）·h] 表示。

例如照光 1min 后，得到的光密度值为 0.550，暗对照的光密度值为 0.120，则光减暗后为 0.430，此光密度值在标准曲线上查得相当于 0.18μmol/L 的 $Fe(CN)_6^{4-}$，若所加的叶绿体悬浮液的叶绿素浓度为 0.12mg/mL，结果为：154.29μmol/L $K_4Fe(CN)_6$/ [mg（chl）·h]。根据反应式，每还原 4g Fe^{3+}，可释放 1g 分子 O_2，则放氧活性为：154.29/4＝38.57μmol (O_2) / [mg（chl）·h]。

4.2 结果统计

希尔反应抑制率（％）计算，将上述所得数据代入公式：

$$希尔反应抑制率=\frac{对照-处理}{对照}\times 100\%$$

然后，采用标准统计软件进行回归分析，获得抑制率（P）与药剂浓度的自然对数（ln$C$）之间的线性回归方程，并求解抑制率为 50％的浓度 EC_{50} 值。

5 原始记录内容

5.1 填写调查时间及试验条件等事宜。

5.2 试验人员签名。

5.3 试验负责人审核、签名。

6 记录归档

SOP-SC-3129 改良半叶法测定除草剂对植物光合速率的影响

Pesticide Bioassay Testing SOP for Improved Half-leaf Method for Photosynthesis Measurement

1 适用范围

本方法适用于评价除草剂对植物光合速率的影响和除草剂作用机理研究以及新除草剂的筛选。

2 试验条件

2.1 测试靶标

棉花叶片。

2.2 仪器设备

①烘箱；②分析天平，带盖瓷盘；③单面刀片、一定面积的玻璃片（或铝片）；④棉花；⑤称量瓶。

3 试验操作步骤

3.1 选择测定样品

在各植株的相同部位，选取对称性良好的叶片，挂上有编号的小纸牌。每组选取 20 张左右的叶片。

3.2 叶基部韧皮部组织处理

用钟表镊子或本夹子夹取一个棉花球，在开水中（90℃以上）浸过后立即取出，在叶柄基部烫 1cm 左右，时间 20～30s。烫后组织的颜色改变，表示韧皮组织已被破坏。烫后下垂的叶片不能选用。为了使烫后或环割等处理后的叶片不致下垂影响叶片的自然生长角度可用锡纸或塑料管包围之，使叶片保持原来着生角度。

3.3 剪取样品

叶基部韧皮组织处理后，立即剪取样品，取叶片的一半（中脉不要剪，以保持叶片的直立和水分供应）。剪下的半叶按序号排好，夹在湿纱布中，置于瓷盘中，用黑纸包好。经过 4～5h 后，按上述剪叶顺序剪取留在植株上的另一半叶片。同样用湿纱布包好，放置于瓷盘中。

3.4 切割烘干称重

照光和未照光的两半叶片从纱布中取出，一一对应地叠在一起，然后用一块一定面积的厚玻璃板（或金属模板）覆在上面，用刀片按模板大小切取。切割的两片叶片，分别放在称量瓶里，然后在 85～90℃的恒温烘箱中烘 6h。烘干样品分别取出置于干燥器里冷却，然后在分析天平上称重。

3.5 结果计算

由称得的数据求出平均重量，叶片干重差之总和（以 mg 表示）除以叶面积（换算成 dm^2，$1dm^2=100cm^2$）及照光时间（h），即得光合作用强度，以干物质 mg/（$dm^2 \cdot h$）表示之。按下式计算光合作用强度和除草剂光合抑制百分率：

$$光合作用强度=\frac{(光下叶片干重-暗下叶片干重)\times 100}{叶面积\times 时间}$$

CO_2 同化量＝$x$mg 干物质/（$dm^2\cdot h$）×1.5＝$y$mgCO_2/（$dm^2\cdot h$）

除草剂光合抑制百分率＝（1－处理组光合强度/对照组光合强度）×100%

4 原始记录及报告形成

将试验日期、过程、检查结果日期、原始数据、样品编号、送样人、计算结果认真如实地记入原始记录本中，完成试验调查原始记录后，试验人签名并将试验结果输入计算机相应程序进行保存，最后按照有下表完成试验报告。

样品编号	处理浓度	对照叶片鲜重/mg	处理叶片鲜重/mg	光合作用强度	光合作用强度抑制率

5 归档

试验原始记录和试验报告按照规定程序进行归档管理。

SOP-SC-3130 植物线粒体的分离制备及其活性测定

Pesticide Bioassay Testing SOP for Plant Mitochondrial Isolation and Respiration Assay

1 适用范围

本规范适用于评价除草剂对植物呼吸速率的影响和除草剂作用机理研究以及新除草剂的筛选。

2 试验条件

2.1 测试靶标

30℃暗中培养 4d 的水稻黄化苗。

2.2 仪器设备

①冷冻高速离心机；②研钵；③氧极谱测试系统（氧电极、极化电路、记录仪、磁力搅拌器、超级恒温器、反应室）。

3 试验操作步骤

3.1 试剂配制

（1）0.5mol/L KCl；

（2）提取液 [0.4mol/dm^3 甘露醇、1mol/dm^3 EDTA-Na、0.05mol/dm^3 Tris-HCl 缓冲液（pH7.2）、0.1%牛血清白蛋白]；

（3）反应介质 [0.3mol/dm^3 甘露醇、10mmol/dm^3 氯化锂、5mmol/dm^3 氯化镁、10mmol/dm^3 磷酸缓冲液（pH7.2）、10mmol/dm^3 Tris-HCl 缓冲液（pH7.2）]；

（4）0.4mol/dm^3 琥珀酸或 0.4mol/dm^3 α-酮戊二酸；

（5）0.05mol/dm^3 ADP，NAD（3.3mg/mL，用 NaOH 调至 pH7.0）0.3mg/mL。

3.2 线粒体的制备

3.2.1 取水稻黄化苗（包括盾状体）地上部分 20g，在 0℃下饥饿 1h。

3.2.2 在冰浴中研磨：研钵中加入少许石英砂，先加 20mL 预冷提取液，研磨 2min，再加 20mL 预冷提取液，研磨 1min，成匀浆。

3.2.3 匀浆用 2 层纱布过滤。

3.2.4 滤液在 1000g 下离心 15min，弃沉淀。

3.2.5 上清液在 12000g 下离心 15min，弃上清液。

3.2.6 将沉淀悬浮在 20mL 的预冷提取液中，再在 12000g 下离心 15min，弃上清液。

3.2.7 将沉淀悬浮在 2mL 预冷的提取液中，即成线粒体悬浮液。

注：以上所有操作均需在 0～4℃下进行。

3.3 氧极谱仪的调试

3.3.1 启动超级恒温水浴，在 28℃恒温，将反应液在 28℃恒温水浴中预热。

3.3.2 打开极化电路，外加 0.6V 极化电压。打开记录仪电源，调节灵敏度。

3.3.3 在反应室内加满反应介质（约 2.5mL），开动磁力搅拌器，使反应液中的空气达到饱和。

3.3.4　在电极截面的凹槽内滴加0.5mol/L KCl的电介质，然后覆盖薄膜并用圆环加以固定，插入反应室上端。新换的膜需平衡30min。

3.3.5　打开记录仪电源，先调零点，再将笔移至50格处，仪器稳定后再将笔调至95格处。基线平稳后就可测定。

3.4　测定

3.4.1　在反应室内加入0.2mL线粒体悬浮液，此时记录纸上出现斜率较低的直线，这是线粒体的内源呼吸，又称状态Ⅰ（StateⅠ）。

3.4.2　待斜率稳定以后，加入50μL呼吸介质（α-酮戊二酸或琥珀酸），这时就出现一个较大的斜率。这种加入呼吸底物后的斜率称为状态Ⅱ。

3.4.3　在反应室内加入20μLADP溶液，此时斜率增大，这是ADP促进下线粒体的呼吸速率（即氧化磷酸化速率），该斜率称为状态Ⅲ。当ADP耗尽，呼吸又回到原来的斜率，此时称为状态Ⅳ。再加入ADP，呼吸又到状态Ⅲ。ADP耗尽后，斜率又回到状态Ⅳ，直至反应液中溶解氧全部耗尽为止。

3.5　计算

3.5.1　标定记录纸上每小格的氧量（μmol）：查表知28℃下蒸馏水中溶解氧浓度为248μmol/dm^3（蔗糖溶液为水的95%）反应瓶体积为2.5mL，记录笔调至95格处，当反应室内的介质中注射40μL的饱和Na_2SO_3，溶解氧迅速耗尽。记录笔回到0。这样记录纸上每小格的氧变化量：0.0124μmol。

3.5.2　呼吸速率：由于记录纸的走速是恒定的，所以从记录纸上可以直接得单位时间内的耗氧量。如果已知加入线粒体的量（以蛋白氮计算），就可以计算出呼吸速率，以μmolO_2/（mg线粒体N·h）表示。

3.5.3　氧化磷酸化效率（P/O或ADP/O比值）：状态Ⅲ吸收的氧与加入的ADP量成正比，因此ADP/O的比值就是加入的ADP的量（μmol）与此状态吸收的氧的量（μmol）的比值。ADP/O值的大小反映了线粒体氧化磷酸化的机能。

3.5.4　呼吸控制（respiration control，RC）：呼吸控制是指ADP控制下的氧吸收与不受ADP控制的氧吸收的速率之比，即状态Ⅲ∶状态Ⅳ。此比值的大小反映了离体线粒体的完整性。

4　原始记录及报告形成

将试验日期、过程、检查结果日期、原始数据、样品编号、送样人、计算结果认真如实地记入原始记录本中，完成试验调查原始记录后，试验人签名并将试验结果输入计算机相应程序进行保存。

5　归档

试验原始记录和试验报告按照规定程序进行归档管理。

SOP-SC-3131 小篮子法测定除草剂对植物呼吸速率的影响

Pesticide Bioassay Testing SOP for
Little Basket Respiration Test for Herbicide Activity

1 适用范围

本规范适用于评价除草剂对植物呼吸速率的影响和除草剂作用机理研究以及新除草剂的筛选。

2 试验条件

2.1 测试靶标

棉花叶片。

2.2 仪器设备

500mL 广口瓶、酸滴定管、干燥管、尼龙窗纱制作的小篮等。

3 试验操作步骤

3.1 试剂配制

饱和 Ba $(OH)_2$；指示剂：0.1%中性红和0.1%亚甲基蓝水溶液等量混合，终点 pH=7.0；1/44mol/L 草酸溶液：准确称取重结晶的草酸 $H_2C_2O_4 \cdot 2H_2O$ 2.8652g 溶于蒸馏水，配成 1L。1mL 溶液相当于 1mg 的 CO_2。

3.2 呼吸的测定

3.2.1 测定装置的安装：取 500mL 广口瓶一个，装配一只三孔橡皮塞。一孔插入盛碱石灰的干燥管吸收空气中的 CO_2，保证进入呼吸瓶的空气无 CO_2；一孔插温度计；另一孔直径约 1cm 供滴定用，滴定前用小橡皮塞塞紧。瓶塞下面挂一尼龙窗纱制作的小篮，用以盛实验材料，整个装置如图所示。

3.2.2 测定：称取准备好的植物材料和未经除草剂处理的材料样品（植株或萌发的种子：20～30g；叶圆片：30～40 个），装于尼龙小篮内，将小篮挂在广口瓶内，同时加饱和的 Ba $(OH)_2$ 溶液 20mL 于广口瓶内，立即塞紧瓶塞，并用融化的石蜡密封瓶口，防止漏气。每 10min 左右，轻轻地摇动广口瓶，破坏溶液表面的 $BaCO_3$ 薄膜，以利于对 CO_2 的吸收。1h 后，小心打开瓶塞，迅速取出小篮加入 1～2 滴指示剂（中性红、亚甲基蓝混合液），立即重新塞紧瓶塞。然后拔出小橡皮塞，把滴定管插入小孔中，用 1/44mol/L 的草酸滴定，直到绿色转变成紫色为止，记录滴定碱液所耗用的草酸溶液的体积(mL)。

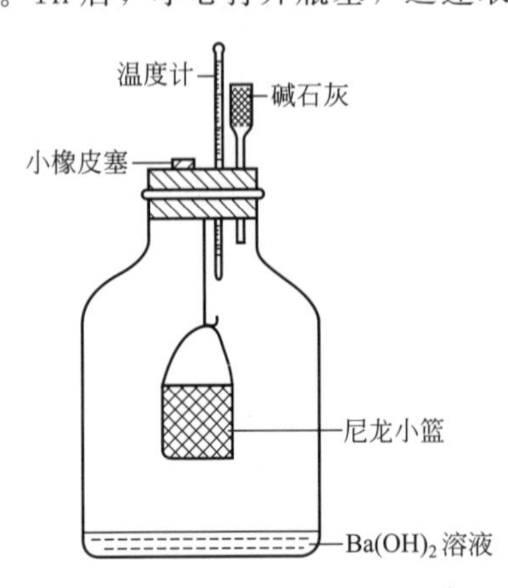

另取 500mL 广口瓶一只，用沸水煮死的植物材料（至少煮 10min）为材料，按上述步骤进行，以此作为对照。

3.3 呼吸强度的计算

$$呼吸强度=\frac{V_1-V_0}{材料重量\times时间}$$

式中　V_0——煮死的种子，滴定时所耗用的草酸溶液的体积，mL；

V_1——发芽种子，滴定时所耗用的草酸溶液的体积，mL。

3.4　除草剂对植物呼吸速率的影响的计算

呼吸抑制百分率＝（1－处理组呼吸强度/对照组呼吸强度）×100％

4　原始记录及报告形成

将试验日期、过程、检查结果日期、原始数据、样品编号、送样人、计算结果认真如实地记入原始记录本中，完成试验调查原始记录后，试验人签名并将试验结果输入计算机相应程序进行保存。

5　归档

试验原始记录和试验报告按照规定程序进行归档管理。

SOP-SC-3132 游离脯氨酸的测定

Pesticide Bioassay Testing SOP for Determination of Free Proline

1 适用范围

本规范适用于测定游离脯氨酸的含量和除草剂作用机理的研究。

2 试验条件

2.1 测试靶标

植物样本。

2.2 仪器设备

可见光分光光度计、离心机、水浴锅等。

3 试验操作步骤

3.1 游离脯氨酸的提取

取0.05～0.5g待测植物叶片，加3%磺基水杨酸溶液2mL研磨提取，提取液转移至玻璃离心管中，以磺基水杨酸溶液清洗研钵并转移入离心管，使最终体积为5mL。离心管在沸水浴中浸提10min。冷却后，3000r/min离心10min，上清液待测。

3.2 标准曲线的制作

在1～10μg/mL脯氨酸浓度范围内制作标准曲线。取标准溶液（0μg/mL、1μg/mL、2μg/mL、3μg/mL、4μg/mL、5μg/mL、6μg/mL、7μg/mL、8μg/mL、9μg/mL和10μg/mL）各2mL，加入2mL 3%磺基水杨酸、2mL冰醋酸和4mL 2.5%茚三酮溶液，于沸水浴中显色60min。冷却后，加入4mL甲苯萃取红色物质。静置后，取甲苯相测定520nm波长处的吸光度。以脯氨酸浓度为横坐标，相应的吸光度为纵坐标绘制标准曲线，以最小二乘法做线性回归得到回归方程。

3.3 样品测定

分别取2mL上清液（2mL蒸馏水为空白对照），加入2mL磺基水杨酸、2mL冰醋酸和4mL 2.5%茚三酮溶液，按照标准曲线的方法进行显色、萃取和比色。按照回归方程计算得到脯氨酸浓度。

4 原始记录及报告形成

将试验日期、过程、检查结果日期、原始数据、样品编号、送样人、计算结果认真如实地记入原始记录本中，完成试验调查原始记录后，试验人签名并将试验结果输入计算机相应程序进行保存。

样品编号	处理浓度	吸光度	脯氨酸含量

5 归档

试验原始记录和试验报告按照规定程序进行归档管理。

SOP-SC-3133 乙烯气相色谱法

Pesticide Bioassay Testing SOP for Ethylene Gas Chromatography Analysis

1 适用范围

本规范适用于测定乙烯的含量。

2 试验条件

2.1 试验靶标：植物体。

2.2 试验仪器：万分之一电子分析天平，气相色谱仪，玻璃柱（3m×3mm），氢火焰离子化检测器，三氧化二铝填料（60～80目），带橡皮塞的三角瓶或真空干燥器，100μL与1mL注射器，氮、氢及空气钢瓶。

2.3 试验试剂：标准乙烯。

3 操作步骤

3.1 材料处理：将试验材料称重后装入密封容器中，置于室温（25℃）下1～2h。

3.2 测定条件：载气为高纯氮气，流速50mL/min；燃气为氢气，流速60mL/min；助燃气为空气，流速500mL/min；柱温80℃；气化室温度120℃；测定时室温24～26℃等。

3.3 测定：取1μL纯乙烯，注入充满氮气的密封盐水瓶中稀释，取1mL稀释后的乙烯注入气化室；在2.6min时出现乙烯特征峰，其峰值与注入量成线性关系。

3.4 取1μL待测液，按上述步骤操作。

4 结果调查与分析

调查样品和乙烯峰高，调查结果记录在原始记录单上。通过下面的公式计算气样中乙烯的浓度和乙烯的生成速率。

$$\text{气样中乙烯的浓度}=\frac{\text{样品峰高}}{\text{标准乙烯峰高}}\times\text{标样的浓度}$$

$$\text{乙烯生成速率}=\frac{\text{乙烯浓度}\times\text{溶剂体积}}{\text{密封时间}\times\text{样品重量}}$$

5 原始记录及报告形成

完成试验调查原始记录后，调查人签名。可以将试验结果输入计算机相应程序进行保存。最后按照有关格式完成试验报告。

6 归档

试验原始记录和试验报告按照规定程序进行归档管理。

SOP-SC-3134 化学去雄剂去雄效果的测定

Pesticide Bioassay Testing SOP for Male Sterility Determination for Chemical Hybridizing Agents

1 适用范围

本规范适用于冬春小麦（*Triticum aestivum* L.）化学去雄效果的评价和育种，选择适应当地生态及农业条件的小麦品种（系）为供试亲本。亲本组合选配得当，合理安排父母本花期相遇，父本开花期不早于母本，父本开颖角度大，花药大，花丝长，花粉量多，外吐散粉性能好；母本开颖角度大，开花期长，柱头大而分枝长并开颖外露，抽穗期比父本早；同时父母本的株高搭配合理，要求母本比父本矮5～10cm，便于授粉，选用品种（系）至少4～5个。

2 试验条件

2.1 测试靶标

小麦（*Triticum aestivum* L.）。

2.2 仪器设备

主要器具有万分之一电子分析天平、烧杯、量筒、记号笔和喷雾器等。

2.3 试剂

对照药剂：33%津奥啉（SC2053）水剂。

3 试验操作步骤

3.1 试剂的配制

根据试验剂量设计，准确称取供试样品用水稀释至目标浓度（剂量）。

3.2 小区的安排

试验药剂不同剂量、对照剂和空白对照的小区随机排列，在特殊情况下应加以说明，以一个母本和相应父本为一组试验，设计至少4～5组，每组父母本相间排列，周围为父本包围，例：至少3～4个品种（系）×3试验浓度×3喷药时期，完全随机化裂区设计，主区为品（系），副区为喷药浓度，亚副区为喷药时期。

3.3 施药时间和次数

按试验目的要求设2～3个施药时期，各用药一次，如：S1雌雄蕊原基分化期（外部形态判断为幼穗长度0.5cm）；S2花粉母细胞形成期（幼穗长1cm左右，倒2叶伸出约1/2长）；S3花粉母细胞减数分裂期（幼穗长1～2cm）。

4 结果调查与分析

4.1 与结果有关的气象和土壤资料

4.1.1 气象：记录喷药当天及施药后15d气温、风力、降雨，以及相对湿度等气象资料。

4.1.2 土壤：记录土壤类型、有机质含量、pH、耕作施肥情况。

4.2 性状调查与收获考种

4.2.1 杀雄率、自然授粉结实率及人工饱和授粉结实率调查：喷药处理后，在田间每个处理小区选典型植株于抽穗后开花前在处理行和对照行分别套袋10穗进行人工剪颖，利用捻穗法保留中部小穗第1、2小花，每穗20个左右对其充分授以正常花粉；收获时各小区处理行再选10个未套袋自然授粉穗，将以上入选穗连同茎秆一并收获，进行室内考种调查单穗结实粒数、株高、节间长、穗长等性状，并以小区平均数为基本数据按下列公式计算：

$$Y=1-\frac{Gbd}{Gbc}\times 100$$

式中 Y——杀雄率，%；

Gbd——处理套袋穗平均结实粒数，粒；

Gbc——对照套袋穗平均结实粒数，粒。

$$Sn=\frac{Gnd}{Gnc}\times 100$$

式中 Sn——自然受粉结实率，%；

Gnd——处理自然穗平均结实粒数，粒；

Gnc——对照自然穗平均结实粒数，粒。

$$Sm=\frac{Gmd}{Gmc}\times 100$$

式中 Sm——人工受粉结实率，%；

Gmd——处理人工受粉穗平均结实粒数，粒；

Gmc——对照人工受粉穗平均结实粒数，粒。

从自然受粉结实的种子中随机取100粒测定百粒重和发芽率。

4.2.2 对小麦生长副作用调查：在小麦抽穗期、开花时和开花1d后分别调查每个处理小区有无影响小麦生长发育的现象，即对株高、节间长、穗长等的影响，取样镜检雌蕊形态是否正常。

4.3 去雄效果的评价

试验数据整理要用适当统计方法和参数进行分析，列表，在总结报告中对结果进行分析讨论。

4.3.1 诱导雄性不育效果：主要包括：化学杀雄剂不同剂量时对小麦杀雄效果；不同小麦品种对该化杀剂的敏感性；该化学杀雄剂在不同用药时期对小麦杀雄效果；施药技术及适宜的栽培管理等条件对小麦杀雄的影响。

4.3.2 异交结实率：异交结实率的高低反应CHA（化学去雄剂）对整个花器官发育的影响，同时也决定了制种产量和制种纯度的高低。主要讨论：该CHA对柱头生活力的影响；该CHA最佳处理的确定及其制种价值的评估；该CHA引起的形态及生理变化。

4.3.3 产量及品质分析：产量包括千粒重或百粒重及发芽率；品质分析包括F_2子粒中蛋白质含量，淀粉值，干、湿面筋含量（%）等。

4.3.4 综合评价：根据试验结果提出综合评价性意见及建议，如应用该化学杂交剂的最佳浓度、喷药时期、适宜的喷液量等关键应用技术；对雌蕊和其他器官的副作用，影响制种效果的因素及注意事项，适用性等。

5 原始记录及报告形成

将试验日期、过程、检查结果日期、原始数据、样品编号、送样人、计算结果认真如实地记入原始记录本中，完成试验调查原始记录后，试验人签名并将试验结果输入计算机相应程序进行保存，最后按照有关格式完成试验报告。

6 归档

试验原始记录和试验报告按照规定程序进行归档管理。

SOP-SC-3135 除草剂离体 ALS 酶测定法

Pesticide Bioassay Testing SOP for *In vitro* ALS Activity Determination

1 适用范围

本规范适用于评价化合物对靶标酶 ALS 酶离体抑制活性的室内生物测定和除草剂作用机理研究以及新化合物对 ALS 酶的抑制活性的测定。

2 试验条件

2.1 测试靶标

ALS 酶（acetolacate synthase）粗酶液，从培养 7d 的豌豆黄花苗中制备。

2.2 试验作物

豌豆。

2.3 仪器设备

高速冷冻离心机、万分之一电子分析天平、可见紫外分光光度计、生化培养箱等。

3 试验操作步骤

3.1 豌豆苗的培养

发育完整、较均匀的种子经 10%的安替福民溶液（含有效氯约 1%）表面消毒 10min 后室温浸种 5～6h，在 28℃温箱过夜催芽（约 15h），播种于蛭石中，25℃黑暗培养到苗长成两叶一心或三叶一心备用。

3.2 药剂的配制

根据试验剂量设计，用万分之一（精确到 0.1mg）电子天平准确称取供试样品于称量瓶中。在 1mg 样品中加入 10μL 二甲基甲酰胺溶解，加少许吐温-80（少于 10mg）后，以蒸馏水定容为 100mL，即为 10μg/mL 的溶液。进一步稀释得到 1μg/mL 的样品。需要的话可以进一步稀释配制得到需要的剂量。

3.3 ALS 酶的提取

取 6～7d 暗室培养的豌豆黄化苗，加提取缓冲液（0.1mol/L pH7.5 磷酸缓冲液，1mmol/L 丙酮酸钠，0.5mmol/L $MgCl_2$，0.5mmol/L TPP，10μmol/L FAD，体积分数 10%的甘油）匀浆，8 层纱布过滤，提取液 27000*g* 离心 20min，上清液经 $(NH_4)_2SO_4$ 盐析法收集沉淀，$(NH_4)_2SO_4$ 饱和浓度为 25%～50%。沉淀经缓冲混合液Ⅰ（0.1mol/L pH7.5 磷酸缓冲液，20mmol/L 丙酮酸钠，0.5 mmol/L $MgCl_2$）或缓冲混合液Ⅱ（0.1mol/L pH7.5 磷酸缓冲液，0.5mmol/L $MgCl_2$，0.5mmol/L TPP，10μmol/L FAD）（依据目的不同），溶解后即为酶样品，操作在 0～4℃进行。

3.4 蛋白质含量测定

采用改进的考马斯亮蓝法。60mg 考马斯亮蓝 G-250 溶于 100mL 3%的过氯酸溶液中，滤去未溶的染料，于棕色瓶中保存。以牛血清白蛋白为标准品做标准曲线。酶样品 200μL，加蒸馏水至 2mL，加染液 2mL。620nm 比色测吸光度。每个处理 3 个重复，取平均值。以蛋白质浓度为横坐标，OD 值为纵坐标绘制标准曲线。依据标准曲线的回归方程计算蛋白质含量。

3.5 3-羟基丁酮标准曲线的制作

分别取15μg/mL的3-羟基丁酮标准溶液50μL、100μL、150μL、200μL、250μL、300μL、350μL和400μL，加入蒸馏水至500μL，然后加肌酸和α-萘酚各500μL，60℃反应15min后525nm测定OD值。每个处理3个重复，取平均值。以3-羟基丁酮的浓度为横坐标，OD值为纵坐标，绘制标准曲线。以最小二乘法计算得出线性回归方程。

3.6 化合物对ALS酶抑制活性离体测定

250μL反应混合液（0.1mol/L pH8.5磷酸缓冲液，20mmol/L丙酮酸钠，0.5mmol/L $MgCl_2$，0.5mmol/L TPP，10μmol/L FAD），100μL各种浓度的抑制剂，加入100μL的酶溶液，加酶后开始温浴，35℃反应30min。50μL 3mol/L的硫酸终止反应。60℃水浴15min脱羧后，加500μL 0.2%肌酸，500μL 5%α-萘酚（新配制，溶解于2.5mol/L NaOH溶液），60℃加热15min。525nm测OD值。每个处理3个重复，取平均值。以nmol乙酰甲基甲醇/(mg蛋白质·h)表示ALS酶的比活力，化合物对ALS酶的离体抑制活性可以抑制率或I_{50}（根据抑制剂与酶的作用方式采用统计方法进行计算）表示。

4 原始记录及报告形成

将试验日期、过程、检查结果日期、原始数据、样品编号、送样人、计算结果认真如实地记入原始记录本中，完成试验调查原始记录后，试验人签名并将试验结果输入计算机相应程序进行保存，最后按照下表完成试验报告。

样品编号	处理浓度	吸光度	酶活性	相对效果/%

5 归档

试验原始记录和试验报告按照规定程序进行归档管理。

SOP-SC-3136 除草剂离体 EPSP 酶测定法

Pesticide Bioassay Testing SOP for *In vitro* EPSP Activity Determination

1 适用范围

本规范适用于评价化合物对靶标酶 EPSP 酶离体抑制活性的室内生物测定和除草剂作用机理研究以及新化合物对 EPSP 酶的抑制活性的测定。

2 试验条件

2.1 测试靶标

EPSP 酶（5-enolpyruvylshikimate -3-phosphate synthase）粗酶液，从培养 12～14d 的豌豆叶片中制备。

2.2 试验作物

豌豆。

2.3 仪器设备

高速冷冻离心机、万分之一电子分析天平、可见紫外分光光度计、生化培养箱等。

3 试验操作步骤

3.1 豌豆苗的培养

发育完整、较均匀的种子经 10%的安替福民溶液（含有效氯约 1%）表面消毒 10min 后室温浸种 5～6h，在 28℃温箱过夜催芽（约 15h），播种于蛭石中，25℃黑暗培养 12～14d 备用。

3.2 药剂的配制

根据试验剂量设计，用万分之一（精确到 0.1mg）电子天平准确称取供试样品于称量瓶中。在 1mg 样品中加入 10μL 二甲基甲酰胺溶解，加少许吐温-80（少于 10mg）后，以蒸馏水定容为 100mL，即为 10μg/mL 的溶液。进一步稀释得到 1μg/mL 的样品。需要的话可以进一步稀释配制得到需要的剂量。

3.3 EPSP 酶的提取

称取 12～14d 温室培养的豌豆叶片 1.0g，加提取缓冲液 A（1L 缓冲液中含有 100mmol pH7.5Tris，1mmol EDTA，100mL 甘油，1mg BSA，10mmol 维生素 C，1mmol 苯脒，5mmol DTT）1.5mL，60mg 聚乙烯吡咯烷酮，冰浴研磨匀浆，8 层纱布过滤，2000*g* 离心 20min，上清液为 EPSP 合成酶的粗酶液。经 $(NH_4)_2SO_4$ 盐析法收集沉淀，$(NH_4)_2SO_4$ 饱和浓度为 45%～65%（12000*g* 离心 30min 分离沉淀）。沉淀经缓冲混合液 B（除无 BSA 外其他组分同缓冲液 A）溶解后即为酶样品，操作在 0～4℃进行。

3.4 蛋白质含量测定

采用改进的考马斯亮蓝法。60mg 考马斯亮蓝 G-250 溶于 100mL 3%的过氯酸溶液中，滤去未溶的染料，于棕色瓶中保存。以牛血清白蛋白为标准品做标准曲线。酶样品 200μL，加蒸馏水至 2mL，加染液 2mL。620nm 比色测吸光度。每个处理 3 个重复，取平均值。以蛋白质浓度为横坐标，OD 值为纵坐标绘制标准曲线。依据标准曲线的回归方程计算蛋白质含量。

3.5 化合物对 EPSP 酶抑制活性离体测定

40μL 反应体系（1L 溶液含 50mmol pH7.5 的 HEPES，1mmol $(NH_4)_6Mn_7O_{24}$，1mmol PEP，2mmol S3P，1mg/mL BSA，一定浓度的抑制剂）于 25℃预热 5min，加入 10μL 酶液，继续反应 10min 后迅速放入沸水中停止酶促反应。冷却至室温后加 800μL 孔雀绿显色反应 1min，再加入 100μL 34%柠檬酸钠溶液，660nm 测 OD 值。每个处理 3 个重复，取平均值。酶比活力单位为 nmol/（mg 蛋白质·h）。化合物对 EPSP 酶的离体抑制活性可以抑制率或 I_{50}（根据抑制剂与酶的作用方式采用统计方法进行计算）表示。

4 原始记录及报告形成

将试验日期、过程、检查结果日期、原始数据、样品编号、送样人、计算结果认真如实地记入原始记录本中，完成试验调查原始记录后，试验人签名并将试验结果输入计算机相应程序进行保存，最后按照下表完成试验报告。

样品编号	处理浓度	吸光度	酶活性	相对效果/%

5 归档

试验原始记录和试验报告按照规定程序进行归档管理。

SOP-SC-3137 除草剂离体 HPPD 酶测定法

Pesticide Bioassay Testing SOP for *In vitro* HPPD Activity Determination

1 适用范围

本规范适用于评价化合物对靶标酶 HPPD 酶离体抑制活性的室内生物测定和除草剂作用机理研究以及新化合物对 HPPD 酶的抑制活性的测定。

2 试验条件

2.1 测试靶标

HPPD 酶（4-hydroxyphenylpyruvate dioxygenase）粗酶液，从培养 7d 的玉米黄化苗中制备。

2.2 试验作物

玉米。

2.3 仪器设备

高速冷冻离心机、万分之一电子分析天平、可见紫外分光光度计、生化培养箱等。

3 试验操作步骤

3.1 玉米苗的培养

发育完整、较均匀的种子经 10%的安替福民溶液（含有效氯约 1%）表面消毒 10min 后室温浸种 5～6h，在 28℃温箱过夜催芽（约 15h），播种于蛭石中，25℃黑暗培养 7d 后备用。

3.2 药剂的配制

根据试验剂量设计，用万分之一（精确到 0.1mg）电子天平准确称取供试样品于称量瓶中。在 1mg 样品中加入 10μL 二甲基甲酰胺溶解，加少许吐温-80（少于 10mg）后，以蒸馏水定容为 100mL，即为 10μg/mL 的溶液。进一步稀释得到 1μg/mL 的样品。需要的话可以进一步稀释配制得到需要的剂量。

3.3 HPPD 酶的提取

取 6～7d 暗室培养的玉米黄化苗，剪碎，加提取缓冲液（0.4mol/L pH8.0 Tris-HCl 缓冲液，1.0mmol/L EDTA，10mmol/L EGTA，0.1mmol/L PMSF，1.0mmol/L DTT，1.0mmol/L 苯甲酰胺，5.0mmol/L 氨基己酸）匀浆，4 层纱布过滤，提取液 10000*g* 离心 5min，上清液 100000*g* 离心 60min。上清液经 $(NH_4)_2SO_4$ 盐析法收集沉淀，$(NH_4)_2SO_4$ 饱和浓度为 35%～60%。沉淀经贮存缓冲混合液（0.1mol/L Tirs-HCl pH7.0 缓冲液）溶解后，20000*g* 离心 5min 所得上清液加入 0.6 倍体积甘油所得溶液溶解后即为酶样品，操作在 0～4℃进行。

3.4 蛋白质含量测定

采用改进的考马斯亮蓝法。60mg 考马斯亮蓝 G-250 溶于 100mL 3%的过氯酸溶液中，滤去未溶的染料，于棕色瓶中保存。以牛血清白蛋白为标准品做标准曲线。酶样品 200μL，加蒸馏水至 2mL，加染液 2mL。620nm 比色测吸光度。每个处理 3 个重复，取平均值。以蛋白质浓度为横坐标，OD 值为纵坐标绘制标准曲线。依据标准曲线的回归方程计算蛋白质含量。

3.5 化合物对HPPD酶抑制活性离体测定

酶液调节蛋白浓度为5mg/mL。200μL反应混合液（0.1mol/L pH7.5 Tris-HCl缓冲液，0.05mmol·L^{-1}抗坏血酸、0.2mmol/L羟基苯丙酮酸），各种浓度的抑制剂，加入酶溶液使蛋白浓度为0.25mg/mL，加酶后开始温浴，30℃反应15min。70μL 20%（质量浓度）的高氯酸终止反应。15000g离心5min去除沉淀的蛋白。50～100μL上清液经HPLC分析测定尿黑酸的含量。每个处理3个重复，取平均值。酶比活力单位为nmol尿黑酸/（mg蛋白质·h）。化合物对HPPD酶的离体抑制活性可以抑制率或I_{50}（根据抑制剂与酶的作用方式采用统计方法进行计算）表示。

3.6 尿黑酸的HPLC分析条件

样品进样前先经过C_{18}小柱净化。

流动相：缓冲液A，溶于蒸馏水的0.1%（体积分数）三氟乙酸；缓冲液B，溶于80%（体积分数）CH_3CN的0.07%（体积分数）三氟乙酸。

梯度洗脱程序：0～17min时，0～70%缓冲液B；17～20min时，70%～100%缓冲液B；20～24min时，100%缓冲液B；24～28min时，100%～0缓冲液B。流速：1mL/min。

检测波长：288nm。

色谱柱：ODS柱。

4 原始记录及报告形成

将试验日期、过程、检查结果日期、原始数据、样品编号、送样人、计算结果认真如实地记入原始记录本中，完成试验调查原始记录后，试验人签名并将试验结果输入计算机相应程序进行保存，最后按照下表完成试验报告。

样品编号	处理浓度	吸光度	酶活性	相对效果/%

5 归档

试验原始记录和试验报告按照规定程序进行归档管理。

SOP-SC-3138 除草剂离体 PPO 酶测定法

Pesticide Bioassay Testing SOP for *In vitro* PPO Activity Determination

1 适用范围

本规范适用于评价化合物对靶标酶 PPO 酶离体抑制活性的室内生物测定和除草剂作用机理研究以及新化合物对 PPO 酶的抑制活性的测定。

2 试验条件

2.1 测试靶标

PPO 酶（protoporphyrinogen Ⅸ）粗酶液，从培养 7d 的玉米黄化苗中制备。

2.2 试验作物

玉米。

2.3 仪器设备

高速冷冻离心机、万分之一电子分析天平、可见紫外分光光度计、生化培养箱等。

3 试验操作步骤

3.1 玉米苗的培养

发育完整、较均匀的种子经 10%的安替福民溶液（含有效氯约 1%）表面消毒 10min 后室温浸种 5～6h，在 28℃温箱过夜催芽（约 15h），播种于蛭石中，25℃黑暗培养 7d 后备用。

3.2 药剂的配制

根据试验剂量设计，用万分之一（精确到 0.1mg）电子天平准确称取供试样品于称量瓶中。在 1mg 样品中加入 10μL 二甲基甲酰胺溶解，加少许吐温-80（少于 10mg）后，以蒸馏水定容为 100mL，即为 10μg/mL 的溶液。进一步稀释得到 1μg/mL 的样品。需要的话可以进一步稀释配制得到需要的剂量。

3.3 PPO 酶的提取

6～7d 暗室培养的玉米黄化苗，照光 2h 后，剪取微变绿的加 5 倍体积的提取缓冲液（0.05mol/L pH7.8　HEPES 缓冲液，0.5mol/L 蔗糖，1mmol/L DTT，1mmol/L $MgCl_2$，1mmol/L EDTA，0.2% BSA）匀浆，尼龙绸过滤，提取液 300*g* 离心 5min，上清液经 10000*g* 离心 1min。沉淀经缓冲液重新溶解后得到的悬浮液经 150*g* 离心 5min，所得上清液经 2000*g* 离心 5min。沉淀经缓冲液重新溶解后得到的悬浮液经 500*g* 离心 20min。所得沉淀重新溶解即为质体样品（−80℃避光保存），操作在 0～4℃绿光下进行。

3.4 蛋白质含量测定

采用改进的考马斯亮蓝法。60mg 考马斯亮蓝 G-250 溶于 100mL 3%的过氯酸溶液中，滤去未溶的染料，于棕色瓶中保存。以牛血清白蛋白为标准品做标准曲线。酶样品 200μL，加蒸馏水至 2mL，加染液 2mL。620nm 比色测吸光度。每个处理 3 个重复，取平均值。以蛋白质浓度为横坐标，OD 值为纵坐标绘制标准曲线。依据标准曲线的回归方程计算蛋白质含量。

3.5 制作标准曲线

分别取0.08mmol/L的Proto-Ⅸ标准溶液200μL、400μL、600μL、800μL和1000μL，移入2.8～2.0mL 0.1mol/L pH7.8 Tris-HCl缓冲液［含有1mmol/L EDTA，5mmol/L DTT和1%（体积分数）吐温-80］，使总体积为3mL。立即测定630nm（激发波长为410nm）波长的发射荧光强度。每个处理3个重复，取平均值。以Proto-Ⅸ浓度为横坐标，F值为纵坐标，绘制标准曲线。以最小二乘法计算得出线性回归方程。

3.6 化合物对PPO酶抑制活性离体测定

测试前，质体样品加入0.5%（体积分数）吐温-20经两次超声处理5s。1mL反应体积中包括0.1mol/L pH7.5 Tris-HCl缓冲液，1mmol/L EDTA，4mmol/L DTT，0.06mmol/L Protogen Ⅸ，100μL各种浓度的抑制剂，加入100μL的酶溶液，加酶后开始温浴，30℃黑暗反应60min。100μL反应产物转移入2.9mL 0.1mol/L pH7.8 Tris-HCl缓冲液［含有1mmol/L EDTA，5mmol/L DTT和1%（体积分数）吐温-80］后立即测定630nm（激发波长为410nm）波长的发射荧光强度。以加热灭活的质体样品作为空白对照。每个处理3个重复，取平均值。酶比活力单位为nmol Proto-Ⅸ/（mg蛋白质·h）。化合物对PPO酶的离体抑制活性可以抑制率或I_{50}（根据抑制剂与酶的作用方式采用统计方法进行计算）表示。

4 原始记录及报告形成

将试验日期、过程、检查结果日期、原始数据、样品编号、送样人、计算结果认真如实地记入原始记录本中，完成试验调查原始记录后，试验人签名并将试验结果输入计算机相应程序进行保存，最后按照下表完成试验报告。

样品编号	处理浓度	吸光度	酶活性	相对效果/%

5 归档

试验原始记录和试验报告按照规定程序进行归档管理。

（三）除草剂混剂活性评价方法

SOP-SC-3139 等效线法混剂除草活性的测定

Pesticide Bioassay Testing SOP for Equivalent Efficacy for Herbicide Mixture Evaluation

1 适用范围

本规范可以用来评价不同除草剂混用的联合作用类型。通过等效线法可以选定相容性良好的复配除草剂混用比例。通过等效线法可以选出两种除草剂最小用量或药价最低的配比，并可根据 EC_{10} 评价对作物的安全性。

2 试验条件

选择对供试除草剂均敏感的植物试材，并进行培养。

3 剂量设置

除草剂 A 和 B 复配，并要求各种药剂配比均可计算出 EC_{50} 或 EC_{90} 值。具体方法为，分别以 A、B 的剂量为纵坐标和横坐标，测定不同剂量混用的除草效果，并标出除草效果 90％坐标点，联合这些点所制成的曲线称为等效线，根据等效线的不同形状，把混剂效果分为加成作用、增效作用和拮抗作用。根据药剂的除草效果，设置除草剂 A 和除草剂 B 的剂量 5～6 个梯度（从 0.0g 开始到效果 100％的剂量范围），那么，按照单剂剂量组合出混剂 25～30 个。见下表：

药剂名称 /[g (a.i.)/hm^2]		除草剂 B 的剂量					
		B1	B2	B3	B4	B5	B6
除草剂 A 的剂量	A1						
	A2						
	A3						
	A4						
	A5						

注：A1、B1 为 0g（a.i.）/hm^2，可根据药剂性质去掉最高量与最低量互混。

4 操作步骤

按照试验设计的剂量，将配好的溶液用喷雾装置进行喷雾处理目标杂草。

5 调查

在药剂反应症状明显时调查试验结果。防治效果的几个评价指标，如：鲜重、株高、分枝（蘖）数、枯死株数、枯叶面积等，凡能定量化的均可制作等效曲线。

6 结果统计

6.1 利用标准 DPS 软件分析并建立 A、B 单剂的剂量与防效之间的回归模型，求得各单剂的 ED_{90}。以 A 药剂的剂量为 x 轴，B 药剂的剂量为 y 轴，连接 2 个单剂的 ED_{90}点，得到的直线即为其理论 ED_{90}等效线 L_1。

6.2 同样方法获得各配比的回归模型和 ED_{90}值。得到若干实测的 ED_{90}值，连接将这些点，由此获得 A、B 配比的 ED_{90}实测等效线 L_2。

6.3 如果 L_2 在 L_1 的上方，则 A、B 混用的联合作用为拮抗；如果重合则为相加；L_2 在 L_1 的下方，则 A、B 混用的联合作用为增效。

7 原始记录内容

7.1 填写调查时间及试验条件等事宜。

7.2 试验人员签名。

7.3 试验负责人审核、签名。

8 记录归档

SOP-SC-3140 Gowing法混剂除草活性的测定

Pesticide Bioassay Testing SOP for Gowing Method for Herbicide Mixture Evaluation

1 适用范围

本规范可以用来评价杀草谱完全不同的两个除草剂混用，其联合作用是否增效（或是否具有应用价值）。可以选定相容性良好的复配除草剂；选定药量最小及药价最低的配比与用量；选择作物安全性最适的配比。

2 试验原理

1960年Gowing提出以下公式计算除草剂混配的效应：

$$E=X+Y\frac{100-X}{100}$$

式中 X，Y——两个单剂的实测防效；

E——A和B混合后的理论防效。

E_0 为混合后的实测防效。

$E_0-E<-5\%$，则A、B混用的联合作用为拮抗；如果 $-5\%\leqslant E_0-E\leqslant 5\%$，则为相加；$E_0-E>5\%$，则A、B混用的联合作用为增效。

3 试验条件

选择敏感试材，并进行标准化培养管理。

4 操作步骤

按照设计的剂量，将配好的溶液用喷雾装置进行喷雾处理目标杂草。

5 调查

在药剂反应症状明显时调查试验结果。

防治效果的几个评价指标，如：鲜重、株高、分枝（蘖）数、枯死株数、枯叶面积、目测防效等。

以干重为指标进行方法描述，见下表：

药剂名称	剂量/[g(a.i.)/hm²]	干重/g	实测防效		混合后理论防效	
			抑制作用/%	为对照的百分数/%	抑制作用/%	为对照的百分数/%
对照	0	200	0	100	—	—
除草剂A	30	120	40	60	—	—
除草剂B	15	100	50	50	—	—
混用A+B	30+15	20	90	10	70	30

6 结果统计

用下列公式计算除草剂混用的除草效应：

$$E=X+Y\frac{100-X}{100}$$

式中　X——除草剂 A 的干重抑制率，如：表中数据为 40%；

Y——除草剂 B 的干重抑制率，如：表中数据为 50%；

E——A 和 B 混合后计算的干重抑制率的理论值，如：表中数据为 70%。

E_0 为A 和 B 混合后干重抑制率的实测值，如：表中数据为 90%。

结果描述：$E_0-E<-5\%$ ，则 A、B 混用的联合作用为拮抗。

$-5\%\leqslant E_0-E\leqslant 5\%$ ，则为相加。

$E_0-E>5\%$ ，则 A、B 混用的联合作用为增效。

7　原始记录内容

7.1　填写调查时间及试验条件等事宜。

7.2　试验人员签名。

7.3　试验负责人审核、签名。

8　记录归档

SOP-SC-3141 Colby 法混剂除草活性的测定

Pesticide Bioassay Testing SOP for Colby Method for Herbicide Mixture Evaluation

1 适用范围

本规范可以用来评价不同除草剂混用的联合作用类型。通过 Colby 法可以选定相容性良好的复配除草剂混用比例。通过等效线法可以选出两种除草剂最小用量或药价最低的配比，并可根据 EC_{10} 评价对作物的安全性。

2 试验原理

Colby（1968）简化了把数据换算为百分数的算术运算，提出的公式为：

$$E=\frac{XY}{100}$$

式中 X，Y——单剂 A 和单剂 B 单用时的防效实测值；

E——A 和 B 混用后的理论防效值。

当实测值 E_1 大于理论值时，则为拮抗作用；当实测值与理论值相近时，则为加成效应；当实测值小于理论值时，则为增效作用。

3 试验条件

选择敏感试材，并进行标准化培养管理。

4 操作步骤

按照设计的剂量，将配好的溶液用喷雾装置进行喷雾处理目标杂草。

5 调查

在药剂反应症状明显时调查试验结果。

防治效果的几个评价指标，如：鲜重、株高、分枝（蘖）数、枯死株数、枯叶面积、目测防效等。

以干重为指标进行方法描述，见下表：

药剂名称	剂量/[g(a.i.)/hm²]	干重/g	实测防效		混合后理论防效	
			抑制作用/%	为对照的百分数/%	抑制作用/%	为对照的百分数/%
对照	0	200	0	100	—	—
除草剂 A	30	120	40	60	—	—
除草剂 B	15	100	50	50	—	—
混用 A+B	30+15	20	90	10	70	30

6 结果统计

用下列公式计算 A 和 B 除草剂混用的除草效应：

$$E=\frac{XY}{100}$$

式中　X——除草剂 A 处理的杂草为对照干重的百分数，%，如：表中数据为 60%；

Y——除草剂 B 处理的杂草为对照干重的百分数，%，如：表中数据为 50%；

E——A 和 B 混合后计算的为对照干重的百分数理论值，如：表中数据为 30%。

E_1 为 A 和 B 混合后的为对照干重的百分数实测值，如：表中数据为 10%。

$E_1-E>5\%$，则 A、B 混用的联合作用为拮抗。

$-5\%\leqslant E_1-E\leqslant 5\%$，则为相加。

$E_1-E<-5\%$，则 A、B 混用的联合作用为增效。

一般认为，Colby 法是计算除草剂混配效应的快速而实用的方法。当将三种以上除草剂品种混用时，可用下式进行计算：

$$E=\frac{XYZ\cdots}{100\ (n-1)}$$（n 为混用的除草剂品种数）

7　原始记录内容

7.1　填写调查时间及试验条件等事宜。

7.2　试验人员签名。

7.3　试验负责人审核、签名。

8　记录归档

（四）除草剂安全性评价方法

SOP-SC-3142 除草剂作物安全性评价

Pesticide Bioassay Testing SOP for Evaluation of Herbicide Safety

1 试验目的

本规范适用于新除草剂温室和田间的除草活性和作物安全性的筛选和评价；

本规范适用于评价商品化除草剂单剂、混配、助剂的活性测定，为除草剂正确合理使用提供科学的理论依据。

2 原理

根据测试靶标受药后的反应症状和受害程度，评价药剂的活性水平。

3 活性症状

测试靶标受药后的主要症状有：颜色变化（黄化、白化等），形态变化（新叶畸形、扭曲等），生长变化（脱水、枯萎、矮化、簇生等），激素状等，具体见表4。

表4 对测试靶标受害症状的描述

代号 code	症状	symptom
TR	脱水	desiccation
WD	抑制生长	growth inhibition
WF	促进生长	growth promotion
WH	生长调节	growth regulation
WS	矮化	herbicidal stunting
WZ	生长停滞	growth stagnation
CH	白化	bleaching
GE	黄化	yellowing
FB	褐化	browning
FG	绿化	green coloration
FR	红化	red coloration
GG	深绿	dark green coloration
AW	不定根生长	adventitious root formation
BI	叶片卷曲	rush-like leaf rolling
BF	叶片脱落	defoliation
BV	花期延长	delay of blooming
DH	茎缢缩	thin stems
HO	激素状药害	hormonal damage
KR	畸形	deformity
KA	鸡爪状叶	leaf cockling
LN	倒伏	lodging

续表

代号 code	症状	symptom
NA	向侧性畸形生长	formation of lateral branches
NL	芽后处理后再生	postemergencegrowth
NT	受害后再发芽	resprouting after injury
RB	叶片数减少	reduced leaf number
RV	延迟成熟	delay of maturity
ST	比对照分蘖旺	tillers more numerous than control
VB	枯斑、坏死	necrosis
SA	破坏蒸腾	vapor damage
SM	微生物药害	damage by microorganisms
SS	农药药害	pesticide injury
SU	环境影响	damage by environmental influences
UL	出苗不齐	crop stand reduction
KL	出苗差	poor emergence
SW	根部损坏	root damage
PW	植株枯萎	plant withering
SD	茎部损坏	stem damage
FS	药害	herbicide injury
PN	渗透作用	penetration

4 评价标准

4.1 除草剂活性标准

根据测试杂草靶标受害后的受害症状和中毒程度，评价药剂的除草活性，评价标准见表 5。

表 5 除草剂除草活性的评价标准

中毒程度 scale	表示 express	评价 evaluation
0%	0	无活性 no
10%	10	活性很小 very slight
20%	20	活性小 slight
30%	30	
40%	40	活性一般 moderate
50%	50	
60%	60	
70%	70	活性好 good
80%	80	活性较好 very good
90%	90	活性很好 excellent
100%	100	完全死亡 complete

4.2 作物安全性评价标准

根据测试作物靶标受药后是否受害，以及表现的受害症状和中毒程度，评价药剂的作物安全性，评价标准见表 6。

表6　除草剂作物安全性的评价标准

中毒程度 scale	调查记录 scoring mark	评价 evaluation
0%	0	很安全 very safe,no damage
10%	10	安全 safe
20%	20	轻微药害 slight damage
30%	30	
40%	40	有药害 damage,no safety
50%	50	
60%	60	严重药害 heavy damage
70%	70	
80%	80	
90%	90	
100%	100	

5　原始记录内容

5.1　填写调查时间及试验条件等事宜。

5.2　试验人员签名。

5.3　试验负责人审核、签名。

6　记录归档

SOP-SC-3143 除草剂选择性评价方法

Pesticide Bioassay Testing SOP for Evaluation of Herbicide Selectivity

1 试验目的

本规范适用于温室和田间试验中除草剂选择性的评价；

本规范适用于评价新的除草活性化合物或提取物、新型除草剂、商品化除草剂及其混配、助剂的选择性评价，为除草剂正确合理使用提供科学的理论依据。

2 原理

根据测试药剂的应用目标和防治对象，选择对该药剂安全的作物及其敏感的目标杂草为测试靶标，用有效的测定方法，定量测定对敏感杂草的最低有效剂量 ED_{90} 值和对安全作物的最高安全剂量 ED_{10} 值，根据公式计算该药剂的选择性系数。

3 除草效果的最低有效剂量 ED_{90} 值的测定

3.1 以对测试药剂最敏感的杂草为测试靶标，通过除草活性评价，在一定剂量范围内获得达到 90％除草效果的最低有效剂量 ED_{90}；

3.2 采用该药剂除草活性测定方法，经 5～8 个梯度剂量处理，通过鲜重、株高或目测等综合评价结果获得该药剂对测试杂草的 ED_{90} 值；

3.3 ED_{90} 值为获得该药剂选择性系数的分母。

4 作物安全性的最高安全剂量 ED_{10} 值的测定

4.1 以最具耐药性的作物为测试靶标，通过安全性评价，在一定剂量范围内获得药害程度不超过 10％的最高有效剂量 ED_{10} 值（通常＜10％药害程度的剂量称为 NOEL）；

4.2 采用该药剂作物安全性的测定方法，经过 5～8 个梯度剂量处理，通过鲜重、株高或症状目测等综合评价结果获得该药剂对测试作物的 ED_{10} 值；

4.3 ED_{10} 值为获得该化合物选择性系数的分子。

5 选择性系数

5.1 选择性系数＝ED_{10}/ED_{90}；

5.2 在选性择系数≥2 时，认为测试的药剂具有一定选择性；系数越大，该药剂对测试作物安全性越高。

6 原始记录内容

6.1 填写调查时间及试验条件等事宜。

6.2 试验人员签名。

6.3 试验负责人审核、签名。

7 记录归档

SOP-SC-3144 除草剂药害诊断的基本程序

Pesticide Bioassay Testing SOP for the procedure ofherbicide phytotoxicity diagnosis

一旦发生除草剂药害情况，应该第一时间向当地植保部门的除草剂专家进行求救，并保留除草剂样品，保留药害现场，对农民使用除草剂的基本情况进行访问，对出现的药害症状进行拍照，拍出的照片应该有轻、中、重之分，最好拍出药害的典型症状，并对未出现药害症状的正常情况也进行拍照，以便进行比较。有条件的应该组成除草剂药害诊断专家组到现场调查，对现场的土壤、水体、除草剂样品等进行取样，结合室内生物测定及化学分析等方法来进一步明确。基本程序为：除草剂专家现场调查—除草剂室内生物测定—化学分析，药害诊断的关键点是时间，倘若出现药害以后很长时间才进行诊断，势必要增加很大难度，而且诊断结果的准确性也不能保证。

（五）除草剂作用特性测定方法

SOP-SC-3145 温度变化对除草剂活性影响测定

Pesticide Bioassay Testing SOP for
Effect of Temperature on Herbicide Activity

1 适用范围

本规范适用于测定温度对除草剂生物活性的影响，为除草剂的合理使用提供依据。

本规范适用于所有类型除草剂的作用特性研究。

2 试验条件

2.1 试验靶标：根据测试药剂的活性特点，选择敏感、易萌发培养的植物为试材，如：萝卜、玉米、高粱、水稻、稗草等标准试验用种子；以高粱为试材描述本方法，高粱种子为购买的标准试验用种子，为常规栽培品种。

2.2 仪器设备：人工气候培养箱 3 台、电子天平（精确度 0.1mg）、电子秤（精确度 1.0g）、喷雾装置、塑料花盆、移液加样器（称量液体药品）等。

3 试材准备

3.1 种子催芽：种子经充分冲洗干净，加入蒸馏水，在 28℃恒温箱中浸泡 12h，滤出放入发芽盒中（内放润湿的滤纸），在 25℃培养箱内催芽 24h。

3.2 土壤：用不锈钢盘或瓷盘装试验用过筛风干土壤，放入烘箱中，65℃下烘 8h。

3.3 播种：将土壤定量装入花盆中，从底部加入适量水，使土壤含水量为田间持水量的 60％～70％，均匀播种饱满的露白种子，覆土。

3.4 试材培养：如果为芽前土壤处理的试验，则播种覆土后直接编号标记，备用；如果为茎叶处理的试验，需要在温室中培养、定植至试材适龄，再编号标记，备用。

4 操作步骤

4.1 将人工气候培养箱温度分别调为 15℃、25℃、35℃（±2℃），光照强度 3000lx，光照周期 14∶10（昼∶夜）、相对湿度 70％～80％，备用。

4.2 按照试验设计的剂量，将配制的药液用喷雾装置进行土壤喷雾处理或茎叶喷雾处理，每处理重复 3 次，各种温度条件下均设置空白对照。

4.3 将处理好的试材分别放入已经调试的人工气候培养箱内培养至药效反应明显时调查。

4.4 每天定时添加适量水，以补充失掉的水分。

5 调查

处理后根据所测药剂的活性特性，当药效反应明显时，调查各个处理残存杂草株数，称量各个处理残存杂草地上部分鲜重。

6 结果统计

根据调查所得数据，计算各处理平均杂草株数和平均鲜重，按下列公式计算各处理的株防效和鲜重防效，公式如下：

$$株防效=\frac{对照区杂草株数-处理区杂草株数}{对照区杂草株数}\times 100\%$$

$$鲜重防效=\frac{对照区杂草鲜重-处理区杂草鲜重}{对照区杂草鲜重}\times 100\%$$

利用防效与温度变化趋势图，分析所测药剂各剂量的防效与温度变化的关系是否一致，判断温度对该药剂生物活性的影响。

7 原始记录内容

7.1 填写调查时间及试验条件等事宜。

7.2 试验人员签名。

7.3 试验负责人审核、签名。

8 记录归档

SOP-SC-3146 土壤湿度变化对除草剂活性影响测定

Pesticide Bioassay Testing SOP for
Effect of Soil Moisture on Herbicide Activity

1 适用范围

本规范适用测定土壤湿度对除草剂生物活性的影响，为除草剂的合理使用提供科学的理论依据。

本规范适用于苗前土壤处理和以根吸收为主的除草剂作用特性研究。

2 试验条件

2.1 试验靶标：根据测试药剂的活性特点，选择敏感、易萌发培养的植物为试材，如：萝卜、玉米、高粱、水稻、稗草等标准试验用种子；以高粱为试材描述本方法，高粱种子为购买的标准试验用种子，为常规栽培品种。

2.2 仪器设备：人工气候培养箱 4 台、电子天平（精确度 0.1mg）、电子秤（精确度 1.0g）、喷雾装置、塑料口杯、移液加样器（称量液体药品）等。

3 试材准备

3.1 种子催芽：种子经充分冲洗干净，加入蒸馏水，在 28℃恒温箱中浸泡 12h，滤出放入发芽盒中（内放润湿的滤纸），在 25℃培养箱内催芽 24h。

3.2 土壤：用不锈钢盘或瓷盘装试验用过筛风干土壤，放入烘箱中，65℃下烘 8h 至衡重。

4 操作步骤

4.1 将烘干土壤定量（180g）装入口杯中，20g 土壤留作覆盖土，沿口杯边缘注入一定量蒸馏水，使土壤含水量分别为 20%、30%、40%、50%（200g 土壤重量），静置 12h，使土壤与水分充分平衡。配制不同含水量土壤时，需考虑减去药剂处理时喷液量。

4.2 在不同湿度的口杯中，均匀播种饱满的露白种子，覆土 20g，静置 12h，编号标记，备用。

4.3 按照试验设计的剂量，用喷雾装置进行土壤表面处理。

4.4 将处理完毕的试材放入温室或控制温度、光照的人工气候培养箱中培养，每天定时称量每杯的重量，补充失去的水分，使每个处理的湿度保持不变。

5 调查

处理后根据所测药剂的活性特性，当药效反应明显时，调查各个处理残存杂草株数，称量各个处理残存杂草地上部分鲜重。

6 结果统计

根据调查所得数据，计算各处理平均杂草株数和平均鲜重，按下列公式计算各处理的株防效和鲜重防效，公式如下：

$$株防效=\frac{对照区杂草株数-处理区杂草株数}{对照区杂草株数}\times100\%$$

$$鲜重防效=\frac{对照区杂草鲜重-处理区杂草鲜重}{对照区杂草鲜重}\times100\%$$

利用防效与湿度变化趋势图，分析所测药剂各剂量的防效与湿度变化的关系是否一致，判断湿度对该药效的活性影响。

7 原始记录内容

7.1 填写调查时间及试验条件等事宜。

7.2 试验人员签名。

7.3 试验负责人审核、签名。

8 记录归档

SOP-SC-3147 光照强度变化对除草剂活性影响测定

Pesticide Bioassay Testing SOP for
Effect of Light Intensity on Herbicide Activity

1 适用范围

本规范适用于测定光照强度对除草剂生物活性的影响，为除草剂的合理使用提供科学的理论依据。

本规范适用于所有类型除草剂的作用特性研究。

2 试验条件

2.1 试验靶标：根据测试药剂的活性特点，选择敏感、易萌发培养的植物为试材，如：萝卜、玉米、高粱、水稻、稗草等标准试验用种子；以高粱为试材描述本方法，高粱种子为购买的标准试验用种子，为常规栽培品种。

2.2 仪器要求：人工气候培养箱 3 台、电子天平（精确度 0.1mg）、电子秤（精确度 1.0g）、喷雾装置、移液加样器（称量液体药品）等。

3 试材准备

3.1 种子催芽：种子经充分冲洗干净，加入蒸馏水，在 28℃恒温箱中浸泡 12h，滤出放入发芽盒中（内放润湿的滤纸），在 25℃培养箱内催芽 24h。

3.2 土壤：用不锈钢盘或瓷盘装试验用过筛风干土壤，放入烘箱中，65℃下烘 8h。

3.3 播种：将土壤定量装入花盆中，从底部加入适量水，使土壤含水量为田间持水量的 60%～70%，均匀播种饱满的露白种子，覆土。

3.4 试材培养：如果为苗前土壤处理的试验，则播种覆土后直接编号标记，备用；如果为茎叶处理的试验，需要在温室中培养、定植至试材适龄，再编号标记，备用。

4 操作步骤

4.1 将人工气候培养箱分别调光度为 1000lx、2000lx、3000lx，温度 25℃/20℃昼夜变温，相对湿度 70%～80%，备用。

4.2 按照试验设计的剂量，将配制的药液用喷雾装置进行土壤喷雾处理或茎叶喷雾处理，每处理重复 3 次，各种光照强度下均设置空白对照。

4.3 将处理好的试材分别放入已经调试的人工气候培养箱内培养至药效反应明显时调查。

4.4 每天定时添加适量水，以补充失掉的水分。

5 调查

处理后根据所测药剂的活性特性，当药效反应明显时，调查各个处理残存杂草株数，称量各个处理残存杂草地上部分鲜重。

6 结果统计

根据调查所得数据，计算各处理平均杂草株数和平均鲜重，按下列公式计算各处理的株防效和鲜重防效，公式如下：

$$株防效=\frac{对照区杂草株数-处理区杂草株数}{对照区杂草株数}\times100\%$$

$$鲜重防效=\frac{对照区杂草鲜重-处理区杂草鲜重}{对照区杂草鲜重}\times100\%$$

利用防效与光照强度变化趋势图，分析所测药剂各剂量的防效与光照强度变化的关系是否一致，判断光照强度对该药剂生物活性的影响。

7 原始记录内容

7.1 填写调查时间及试验条件等事宜。

7.2 试验人员签名。

7.3 试验负责人审核、签名。

8 记录归档

SOP-SC-3148 土壤 pH 值对除草剂活性影响测定

Pesticide Bioassay Testing SOP for Effect of Soil pH on Herbicide Activity

1 适用范围

本规范适用于测定土壤 pH 对除草剂生物活性的影响，为除草剂的合理使用提供科学的理论依据。

本规范适用于苗前土壤处理和以根吸收为主的除草剂作用特性研究。

2 试验条件

2.1 试验靶标：根据测试药剂的活性特点，选择敏感、易萌发培养的植物为试材，如：萝卜、玉米、高粱、水稻、稗草等标准试验用种子；以高粱为试材描述本方法，高粱种子为购买的标准试验用种子，为常规栽培品种。

2.2 仪器设备：人工气候培养箱 4 台、电子天平（精确度 0.1mg）、电子秤（精确度 1.0g）、喷雾装置、塑料口杯、移液加样器（称量液体药品）等。

3 试材准备

3.1 种子催芽：种子经充分冲洗干净，加入蒸馏水，在 28℃恒温箱中浸泡 12h，滤出放入发芽盒中（内放润湿的滤纸），在 25℃培养箱内催芽 24h。

3.2 土壤：用不锈钢盘或瓷盘装试验用过筛风干土壤，放入烘箱中，65℃下烘 8h 至衡重。

3.3 磷酸缓冲液的配制：不同配比的 K_2HPO_4 溶液（1mol/L）+ KH_2PO_4 溶液（1mol/L），用蒸馏水定容至 1L，将 pH 调至所需要的酸度值，备用。

4 操作步骤

4.1 在烘干的土壤中加入适量的不同 pH 值的磷酸缓冲液，调节土壤 pH 值至 5.8、6.4、7.0、7.8，备用。

4.2 在准备好的不同 pH 值的土壤中播种测试靶标杂草种子，覆土后静置 12h。

4.3 按照试验设计的剂量，将配制的药液用喷雾装置进行土壤喷雾处理，每处理重复 3 次，各种 pH 下均设置空白对照。

4.4 将处理好的试材放入温室或人工气候培养箱内，在 3000lx、光照周期昼：夜为 16：8、温度 25℃/20℃昼夜变温、相对湿度 70%～80%条件下培养；至药效反应明显时调查。

4.5 每天定时添加适量水，以补充失掉的水分。

5 调查

处理后根据所测药剂的活性特性，当药效反应明显时，调查各个处理残存杂草株数，称量各个处理残存杂草地上部分鲜重。

6 结果统计

根据调查所得数据，计算各处理平均杂草株数和平均鲜重，按下列公式计算各处理的株防效和鲜重防效，公式如下：

$$\text{株防效}=\frac{\text{对照区杂草株数}-\text{处理区杂草株数}}{\text{对照区杂草株数}}\times 100\%$$

$$\text{鲜重防效}=\frac{\text{对照区杂草鲜重}-\text{处理区杂草鲜重}}{\text{对照区杂草鲜重}}\times 100\%$$

利用防效与pH值变化趋势图，分析所测药剂各剂量的防效与pH值变化的关系是否一致，判断pH值对该药剂生物活性的影响。

7 原始记录内容

7.1 填写调查时间及试验条件等事宜。

7.2 试验人员签名。

7.3 试验负责人审核、签名。

8 记录归档

SOP-SC-3149 有机质含量对除草剂活性影响测定

Pesticide Bioassay Testing SOP for
Effect of Soil Organic Matter on Herbicide Activity

1 适用范围

本规范适用于测定土壤有机质对除草剂生物活性的影响，为除草剂的合理使用提供科学的理论依据。

本规范适用于苗前土壤处理和以根吸收为主的除草剂作用特性研究。

2 试验条件

2.1 试验靶标：根据测试药剂的活性特点，选择敏感、易萌发培养的植物为试材，如：萝卜、玉米、高粱、水稻、稗草等标准试验用种子；以稗草为试材描述本方法，稗草种子为采集的标准试验用种子。

2.2 仪器设备：人工气候培养箱或配置光照培养试验架的人工气候室、电子天平（精确度 0.1mg)、电子秤（精确度 1.0g)、喷雾装置、移液加样器（称量液体药品）等。

2.3 材料：富含有机质的风干腐殖质。

3 试材准备

3.1 种子催芽：种子经充分冲洗干净，加入蒸馏水，在 28℃恒温箱中浸泡 12h，滤出放入发芽盒中（内放润湿的滤纸)，在 30℃培养箱内催芽 24h。

3.2 土壤：用不锈钢盘或瓷盘装试验用过筛风干土壤，放入烘箱中，65℃下烘 8h 至衡重。

4 操作步骤

4.1 在烘干土壤中加入适量腐殖质等，调节土壤有机质含量至 1%、3%、5%，将配制的土壤分别装入塑料花盆中，编号标记，每处理重复 3～4 次。

4.2 在花盆中播种饱满露白的稗草种子，覆土。

4.3 用喷雾装置按照试验设计的剂量进行土壤表面喷雾处理，每处理重复 3 次，不同有机质含量的处理分别设空白对照。

4.4 处理后将试材放入温室中或人工气候室中培养，正常管理至药效反应明显时调查。

5 调查

处理后根据所测药剂的活性特性，当药效反应明显时，调查各个处理残存杂草株数，称量各个处理残存杂草地上部分鲜重。

6 结果统计

根据调查所得数据，计算各处理平均杂草株数和平均鲜重，按下列公式计算各处理的株防效和鲜重防效，公式如下：

$$株防效=\frac{对照区杂草株数-处理区杂草株数}{对照区杂草株数}\times 100\%$$

$$鲜重防效=\frac{对照区杂草鲜重-处理区杂草鲜重}{对照区杂草鲜重}\times 100\%$$

利用防效与有机质变化趋势图，分析所测药剂各剂量的防效与有机质变化的关系是否一致，判断有机质对该药剂生物活性的影响。

7 原始记录内容

7.1 填写调查时间及试验条件等事宜。

7.2 试验人员签名。

7.3 试验负责人审核、签名。

8 记录归档

SOP-SC-3150 降雨对除草剂活性影响测定

Pesticide Bioassay Testing SOP for Effect of Rainfall on Herbicide Activity

1 适用范围

本规范适用于测定茎叶处理除草剂抗雨水冲刷能力，为除草剂正确合理使用提供依据。

本规范适用于茎叶处理除草剂的作用特性研究。

2 试验条件

2.1 试验靶标：根据测试药剂的活性特点，选择敏感、易萌发培养的植物为试材，如：萝卜、玉米、高粱、水稻、稗草等标准试验用种子；以稗草为试材描述本方法，水稻种子为购买的标准试验用种子，为常规栽培品种。

2.2 仪器要求：人工气候培养箱3台、电子天平（精确度0.1mg)、电子秤（精确度1.0g)、喷雾装置、模拟降雨器、塑料花盆、移液加样器（称量液体药品）等。

3 试材准备

3.1 种子催芽：种子经充分冲洗干净，加入蒸馏水，在28℃恒温箱中浸泡12h，滤出放入发芽盒中（内放润湿的滤纸)，在25℃培养箱内催芽24h。

3.2 播种：将土壤装入不锈钢盘或瓷盘中，加入适量水，均匀播种饱满的根齐芽壮的种子，覆土，在20～35℃的温室中培养。

4 操作步骤

4.1 按照试验设计的剂量，用喷雾装置进行茎叶喷雾处理，用油性记号笔做好标记，每个处理重复4次，另设空白对照。

4.2 将处理好的试材每隔0h、0.5h、1h、2h、4h、8h、12h、24h进行人工降雨60mm，以喷药后不降雨为对照。

4.3 试材处理后放入温室中，正常培养生长至药效反应明显时，调查结果。

5 调查

处理后根据所测药剂的活性特性，当药效反应明显时，调查各个处理残存杂草株数，称量各个处理残存杂草地上部分鲜重。

6 结果统计

根据调查所得数据，计算各处理平均杂草株数和平均鲜重，按下列公式计算各处理的株防效和鲜重防效，公式如下：

$$株防效=\frac{对照区杂草株数-处理区杂草株数}{对照区杂草株数}\times 100\%$$

$$鲜重防效=\frac{对照区杂草鲜重-处理区杂草鲜重}{对照区杂草鲜重}\times 100\%$$

利用防效与降雨间隔时间变化趋势图，分析所测药剂各剂量的防效与降雨间隔时间变化的关系是否一致，判断降雨间隔时间对该药效的活性影响。

7 原始记录内容

7.1 填写调查时间及试验条件等事宜。

7.2 试验人员签名。

7.3 试验负责人审核、签名。

8 记录归档

SOP-SC-3151 活性炭隔离吸收传导性测定法

Pesticide Bioassay Testing SOP for Activated Carbon Partition Method of Absorption and Translocation Testing

1 适用范围

本规范适用于测定新除草剂的吸收和作用部位，明确其作用特性，为除草剂的正确合理使用提供科学依据。

本规范适用于新型除草剂作用特性的研究。

2 试验条件

2.1 试验靶标：根据测试化合物的活性特点，选择敏感易萌发培养的植物为试材，如：小麦、玉米、高粱、稗草、黄瓜、萝卜等标准试验用种子；以高粱为试材描述本规范。

2.2 仪器设备：人工气候培养箱或植物生长箱（光照强度≥3000lx，温度 10～60℃，湿度 50%～95%），电子天平（精确度 0.1mg），内径 5.5cm 的塑料花盆，移液加样器（称量液体药品）等。

2.3 试剂：0.6mm 石英砂，活性炭等。

3 试材准备

3.1 种子催芽：高粱种子经 0.1% $HgCl_2$ 消毒后，充分冲洗，放入发芽盒中，加入适量蒸馏水，在 30℃培养箱中浸泡 12h，滤出再放入发芽盒中（内放润湿的滤纸），置于 28℃植物生长箱内催芽至种子露白。

3.2 培养液的配制：称取硫酸铵 3.2g、硫酸镁 1.2g、磷酸二铵 2.25g、氯化钾 1.2g、微量元素 0.01g（用硫酸亚铁 10 份、硫酸铜 3 份、硫酸锰 9 份、硼酸 7 份、硫酸锌 3 份混合而成），加于 1000mL 蒸馏水中充分溶解搅匀，使用时再稀释 10 倍（药品应为化学纯级别以上）。

3.3 石英砂灭菌：将石英砂放在不锈钢盘或瓷盘内，置于烘箱中，在 120℃高温下烘 2h 灭菌。

4 操作步骤

4.1 根层处理：将 50g 无菌石英砂装于口径 5.5cm 的塑料花盆内，编号标记，每处理重复 3 次；均匀施入配制好的一定浓度药液 7.5mL，在石英砂上置一层 0.5cm 厚活性炭后，播入刚露白的高粱种子 10 粒，覆盖 25g 石英砂，并加入培养液 7.5mL。

4.2 芽层处理：将 50g 石英砂装于口径 5.5cm 的花盆内，编号标记，每处理重复 3 次；加培养液 7.5mL，在石英砂上置一层 0.5cm 厚活性炭后，播入刚露白的高粱种子 10 粒，覆盖 25g 石英砂，加培养液 3.25mL，培养 24h 后，再均匀施入配制好的一定浓度药液 3.25mL。

4.3 培养：保持石英砂含水量在 30%左右，将各处理花盆放入人工气候培养箱内，在温度（25±2）℃、相对湿度 80%～90%、光照强度 3000lx、光照周期昼：夜为 14：10 条件下培养 6～7d。

5 调查

培养 6～7d 后，取出各处理花盆的高粱幼苗，清水冲洗干净，放在吸水纸上吸去表面水分，测量高粱幼苗胚根与胚芽长度。

6 结果统计

计算出各处理高粱幼苗胚根与胚芽的平均长度，用下列公式计算出各处理对高粱胚根及胚芽的生长抑制率，比较抑制率大小来明确药剂的主要吸收部位。

$$生长抑制率=\frac{对照的平均长度-处理的平均长度}{对照的平均长度}\times 100\%$$

7 原始记录内容

7.1 填写调查时间及试验条件等事宜。

7.2 试验人员签名。

7.3 试验负责人审核、签名。

8 记录归档

SOP-SC-3152 茎叶涂抹吸收传导性测定法

Pesticide Bioassay Testing SOP for Shoot Application for Absorption and Translocation Testing

1 适用范围

本规范适用于测定新型除草剂的茎叶吸收和传导特性，明确各类除草剂的作用方式，为除草剂的合理正确使用提供科学依据。

本规范适用于新型除草剂吸收传导性的作用特性研究。

2 试验条件

2.1 试验靶标：根据测试化合物的活性特点，选择敏感、易萌发培养的、叶宽茎长的植物为试材，如：反枝苋、苘麻、萝卜、玉米、高粱等标准试验用种子；以反枝苋为试材描述本规范，反枝苋种子为采收的标准试验用种子。

2.2 仪器设备：电子天平（精确度为0.1mg），移液加样器（称量液体药品）等。

3 试材准备

选均匀一致的反枝苋种子，将其均匀撒播于花盆内，保证每盆20粒种子，上覆0.5cm厚混沙细土。置于温室中培养，温室中温度保持在15～35℃。从花盆底部加水，使土壤保持湿润，含水量在20%～30%。子叶期定植，每盆留取5株长势相近的幼苗。待反枝苋长至适龄（4～6片真叶期），即可用于试验处理。

4 操作步骤

4.1 叶片处理：花盆编号标记，每处理重复4次；根据试验设计，用药棉将配制好的系列浓度的药液分别涂抹在反枝苋各植株第3片真叶的叶面上，每盆5株作为一个处理。

4.2 茎处理：花盆编号标记，每处理重复4次；根据试验设计，用药棉将配制好的系列浓度的药液分别涂抹在反枝苋各植株胚根与子叶之间的茎上，每盆5株作为一个处理。

4.3 培养：将处理后的反枝苋移至温室中培养。温室中温度保持在15～35℃，每天定时从花盆底部加水，使土壤保持湿润，含水量在20%～30%。

5 调查

处理后定期观察反应症状，记录药害症状和发展速度，当药害症状明显时（处理后20～25d），以0～5级目测法，测定药害程度，并称量每株幼苗地上部分鲜重。

6 结果统计

根据测定的数据计算各处理反枝苋的平均鲜重，用下列公式计算出各处理对反枝苋的鲜重抑制率：

$$\text{鲜重抑制率}=\frac{\text{对照的平均鲜重}-\text{处理的平均鲜重}}{\text{对照的平均鲜重}}\times 100\%$$

用标准 DPS 统计软件进行回归分析，获得药剂浓度与生长抑制率之间的剂量-反应回归模式，计算 IC_{50} 值。

7 原始记录归档

SOP-SC-3153 土壤色谱移动性测定法

Pesticide Bioassay Testing SOP for Soil Chromatography Method of Testing Mobility

1 适用范围

本规范适用于测定除草剂品种在土壤中的移动性，预测是否存在污染地下水的隐患。

本规范适于测定在土壤中移动性较好的除草剂品种。

2 试验条件

2.1 试验靶标：根据测试药剂的活性特点，选择敏感、易萌发培养的植物为试材，如：反枝苋、萝卜、玉米、高粱、水稻、稗草等标准试验用种子；以高粱为试材描述本方法，高粱种子为采收的标准试验用种子。

2.2 仪器设备：人工气候培养箱或植物生长箱（光照强度≥3000lx，温度10～60℃，相对湿度50%～95%），电子天平（精确度0.1mg），摇床，烘箱，移液加样器（称量液体药品）等。

3 试材准备

3.1 种子催芽：种子经充分冲洗干净，加入蒸馏水，在30℃恒温箱中浸泡12h，滤出放入发芽盒中（内放润湿的滤纸），在28℃培养箱内催芽24h。

3.2 土壤：用不锈钢盘子或瓷盘装试验用过1mm筛网风干试验用标准土壤，放入烘箱中，60℃下烘8h，备用。

4 操作步骤

4.1 称取一定量烘干土，加适量蒸馏水搅拌成胶状土，将其均匀铺在玻璃板表面，刮平，制成厚度为0.2cm左右土层薄板，晾干，将土板一端靠水槽呈15°角放置。

4.2 在玻璃板的两端各留1.5cm的保护区（防止水流沿盆子边缘快速移动），剩下宽度平均间隔取3点。对应这3点离底端5cm处设为点药位置。

4.3 在点药位置，用移液加样器点上已配制的一定浓度药液，待药剂晾干后，将一端靠水槽呈15°角放置（水槽中铺有一层石英砂），水自上而下在土壤中缓慢移动，待到达玻璃板另一端时，将玻璃板取出，放平。

4.4 从点药位置起取每间隔5cm的吸药土壤到100mL烧杯中，加蒸馏水50mL，贴上标签，放入恒温振荡器中振荡8h，转速150r/min，温度25℃。静置沉淀，取上清液采用培养皿法测试残余活性。

4.5 取10cm培养皿，铺2张滤纸，放入10粒大小一致的已催芽种子，加入上清液9mL，对照加9mL蒸馏水，每处理重复3次，置入25℃、相对湿度75%的植物生长箱暗培养7d。

5 调查

培养7d后，用镊子取出试材幼苗，测植株根或茎长度。

6 结果统计

计算各处理及对照平均值，根据下列公式求出生长抑制率：

$$生长抑制率=\frac{对照的平均茎长或根长-处理的平均茎长或根长}{对照的平均茎长或根长}\times 100\%$$

根据测试结果，计算药剂在玻璃板土壤薄层到达的位置，获得迁移率 R_f 值，预测该药剂在土壤中的移动性。

7 原始记录内容

7.1 填写调查时间及试验条件等事宜。

7.2 试验人员签名。

7.3 试验负责人审核、签名。

8 记录归档

SOP-SC-3154 培养皿玻璃缸挥发毒性测定法

Pesticide Bioassay Testing SOP for
Petri Dish in Glass Jar for Volatility Phytotoxicity Test

1 适用范围

本规范适用于测定具有挥发性除草剂的生物活性，测试新除草剂是否具有挥发性。

本规范适用于各类除草剂挥发毒性特性研究。

2 试验条件

2.1 试验靶标：根据测试药剂的活性特点，选择敏感、易萌发培养的植物为试材，如：反枝苋、萝卜、玉米、高粱、水稻、小麦、稗草等标准试验用种子；以小麦为试材描述本方法，小麦种子为购买的标准试验用种子，为常规栽培品种。

2.2 仪器设备：人工气候培养箱或植物生长箱（光照强度≥3000lx，温度10～60℃，相对湿度50%～95%），电子天平（精确度0.1mg），透光玻璃缸，直径9cm培养皿等。

3 试材准备

种子经充分冲洗干净，加入蒸馏水，在30℃恒温箱中浸泡12h，滤出放入发芽盒中（内放润湿的滤纸），在28℃培养箱内催芽24h。

4 操作步骤

4.1 取10cm培养皿，底铺2张滤纸，摆放10粒发芽一致的饱满露白种子，编号标记。

4.2 取摆放种子的培养皿3套，在一只中加入一定浓度的药液8mL，另两只中加入8mL蒸馏水，将3套培养皿（不加盖）放入同一个玻璃缸中，用透明胶带纸密封。对照玻璃缸中的3套培养皿均加入蒸馏水8mL，每处理3次重复。

4.3 处理后将玻璃缸放入人工气候箱或培养架上，在温度为25℃、光照强度大于3000lx、照光时间为14h的条件下培养5d。

5 调查

培养5d后，取出各玻璃缸内无药液处理（只加蒸馏水）的培养皿中的小麦幼苗，测定植株茎长或根长。

6 结果统计

计算各处理株高或根长平均值，用下列公式计算出该除草剂通过挥发作用对植物生长的抑制作用：

$$\text{生长抑制率}=\frac{\text{对照的平均长度}-\text{处理的平均长度}}{\text{对照的平均长度}}\times 100\%$$

7 原始记录内容

7.1 填写调查时间及试验条件等事宜。

7.2 试验人员签名。

7.3 试验负责人审核、签名。

8 记录归档

SOP-SC-3155 盆栽玻璃缸挥发毒性测定法

Pesticide Bioassay Testing SOP for
Potted Plant in Glass Jar for Volatility Phytotoxicity Test

1 适用范围

本规范适用于测定具有挥发性除草剂的生物活性，测试新除草剂是否具有挥发性。

本规范适用于各类除草剂挥发毒性特性研究。

2 试验条件

2.1 试验靶标：根据测试药剂的活性特点，选择敏感、易萌发培养的植物为试材，如：反枝苋、萝卜、玉米、高粱、小麦、水稻、稗草等标准试验用种子；以小麦为试材描述本规范，小麦种子为购买的标准试验用种子，为常规栽培品种。

2.2 仪器设备：人工气候培养箱或植物生长箱（光照强度≥3000lx，温度10～60℃，相对湿度50%～95%），电子天平（精确度0.1mg），透光玻璃缸，一次性口杯，移液加样器，透明胶带纸等。

3 试材准备

3.1 种子催芽：种子经充分冲洗干净，加入蒸馏水，在30℃恒温箱中浸泡12h，滤出放入发芽盒中（内放润湿的滤纸），在28℃培养箱内催芽24h。

3.2 土壤：用不锈钢盘或瓷盘，装试验用过2mm筛网风干试验用标准土壤，放入烘箱中，60℃下烘8h，备用。

4 操作步骤

4.1 取一次性口杯若干，每杯中装定量风干土，贴标签、编号，每处理重复3次；每杯内分别播种已露白种子15粒，播深1cm，然后用移液管加蒸馏水，使土壤湿度保持在其田间持水量的70%左右。

4.2 将10mL一定浓度的药液迅速浇施于一只已播种的口杯内，将该杯子和两个未施药的口杯一起放到透明玻璃缸内。在对照的玻璃缸内，往一个口杯内浇施10mL蒸馏水作为空白对照。

4.3 用透明胶带纸将玻璃缸封口，以防漏气，将玻璃缸置于温度为25℃、光照强度大于3000lx、照光时间为14h的植物生长箱或培养架内培养。

5 调查

培养一定时间后，待药效症状明显时，调查各玻璃缸内未施药2只口杯中小麦幼苗的株高及鲜重。

6 结果统计

计算各处理株高及鲜重平均值，用下列公式计算出该除草剂通过挥发作用对植物生长的抑制作用：

$$生长抑制率=\frac{对照的平均鲜重-处理的平均鲜重}{对照的平均鲜重}\times 100\%$$

或

$$生长抑制率=\frac{对照的平均株高-处理的平均株高}{对照的平均株高}\times 100\%$$

7 原始记录内容

7.1 填写调查时间及试验条件等事宜。

7.2 试验人员签名。

7.3 试验负责人审核、签名。

8 记录归档

化工版农药、植保类科技图书

分类	书号	书名	定价
农药手册性工具图书	122-22028	农药手册(原著第16版)	480.0
	122-22115	新编农药品种手册	288.0
	122-22393	FAO/WHO农药产品标准手册	180.0
	122-18051	植物生长调节剂应用手册	128.0
	122-15528	农药品种手册精编	128.0
	122-13248	世界农药大全——杀虫剂卷	380.0
	122-11319	世界农药大全——植物生长调节剂卷	80.0
	122-11396	抗菌防霉技术手册	80.0
	122-00818	中国农药大辞典	198.0
农药分析与合成专业图书	122-15415	农药分析手册	298.0
	122-11206	现代农药合成技术	268.0
	122-21298	农药合成与分析技术	168.0
	122-16780	农药化学合成基础(第二版)	58.0
	122-21908	农药残留风险评估与毒理学应用基础	78.0
	122-09825	农药质量与残留实用检测技术	48.0
	122-17305	新农药创制与合成	128.0
	122-10705	农药残留分析原理与方法	88.0
农药剂型加工专业图书	122-15164	现代农药剂型加工技术	380.0
	122-23912	农药干悬浮剂	98.0
	122-20103	农药制剂加工实验(第二版)	48.0
	122-22433	农药新剂型加工与应用	88.0
农药专利、贸易与管理专业图书	122-18414	世界重要农药品种与专利分析	198.0
	122-24028	农资经营实用手册	98.0
	122-20582	农药国际贸易与质量管理	80.0
	122-19029	国际农药管理与应用丛书——哥伦比亚农药手册	60.0
	122-21445	专利过期重要农药品种手册(2012-2016)	128.0
	122-21715	吡啶类化合物及其应用	80.0
	122-09494	农药出口登记实用指南	80.0
农药研发、进展与专著	122-16497	现代农药化学	198.0
	122-26220	农药立体化学	88.0
	122-19573	药用植物九里香研究与利用	68.0
	122-21381	环境友好型烃基膦酸酯类除草剂	280.0
	122-09867	植物杀虫剂苦皮藤素研究与应用	80.0
	122-10467	新杂环农药——除草剂	99.0
	122-03824	新杂环农药——杀菌剂	88.0
	122-06802	新杂环农药——杀虫剂	98.0
	122-09521	螨类控制剂	68.0
	122-18588	世界农药新进展(三)	118.0
	122-08195	世界农药新进展(二)	68.0
	122-04413	农药专业英语	32.0
	122-05509	农药学实验技术与指导	39.0

续表

分类	书号	书名	定价
农药使用类实用图书	122-10134	农药问答(第五版)	68.0
	122-25396	生物农药使用与营销	49.0
	122-26312	绿色蔬菜科学使用农药指南	39.0
	122-24041	植物生长调节剂科学使用指南(第三版)	48.0
	122-25700	果树病虫草害管控优质农药158种	28.0
	122-24281	有机蔬菜科学用药与施肥技术	28.0
	122-17119	农药科学使用技术	19.8
	122-17227	简明农药问答	39.0
	122-19531	现代农药应用技术丛书—除草剂卷	29.0
	122-18779	现代农药应用技术丛书——植物生长调节剂与杀鼠剂卷	28.0
	122-18891	现代农药应用技术丛书——杀菌剂卷	29.0
	122-19071	现代农药应用技术丛书——杀虫剂卷	28.0
	122-11678	农药施用技术指南(二版)	75.0
	122-21262	农民安全科学使用农药必读(第三版)	18.0
	122-11849	新农药科学使用问答	19.0
	122-21548	蔬菜常用农药100种	28.0
	122-19639	除草剂安全使用与药害鉴定技术	38.0
	122-15797	稻田杂草原色图谱与全程防除技术	36.0
	122-14661	南方果园农药应用技术	29.0
	122-13875	冬季瓜菜安全用药技术	23.0
	122-13695	城市绿化病虫害防治	35.0
	122-09034	常用植物生长调节剂应用指南(二版)	24.0
	122-08873	植物生长调节剂在农作物上的应用(二版)	29.0
	122-08589	植物生长调节剂在蔬菜上的应用(二版)	26.0
	122-08496	植物生长调节剂在观赏植物上的应用(二版)	29.0
	122-08280	植物生长调节剂在植物组织培养中的应用(二版)	29.0
	122-12403	植物生长调节剂在果树上的应用(二版)	29.0
	122-09568	生物农药及其使用技术	29.0
	122-08497	热带果树常见病虫害防治	24.0
	122-10636	南方水稻黑条矮缩病防控技术	60.0
	122-07898	无公害果园农药使用指南	19.0
	122-07615	卫生害虫防治技术	28.0
	122-07217	农民安全科学使用农药必读(二版)	14.5
	122-09671	堤坝白蚁防治技术	28.0
	122-18387	杂草化学防除实用技术(第二版)	38.0
	122-05506	农药施用技术问答	19.0
	122-04812	生物农药问答	28.0
	122-03474	城乡白蚁防治实用技术	42.0
	122-03200	无公害农药手册	32.0
	122-02585	常见作物病虫害防治	29.0
	122-01987	新编植物医生手册	128.0

如需相关图书内容简介、详细目录以及更多的科技图书信息，请登录 www.cip.com.cn。

邮购地址：(100011) 北京市东城区青年湖南街13号 化学工业出版社

服务电话：010-64518888，64518800（销售中心）

如有化学化工、农药植保类著作出版，请与编辑联系。联系方式：010-64519457，286087775@qq.com